MODELOS OCULTOS DE MARKOV: DEL RECONOCIMIENTO DE VOZ A LA MÚSICA

Datos de catalogación bibliográfica

SALCEDO CAMPOS, FCO. JAVIER
MODELOS OCULTOS DE MARKOV:
DEL RECONOCIMIENTO DE VOZ
A LA MÚSICA.

EDITORIAL: LULU

ISBN: 978-1-84753-677-8
MATERIA: 681.3

Formato: 189 x 246 mm   Páginas: 272

MODELOS OCULTOS DE MARKOV: **DEL RECONOCIMIENTO DE VOZ**
A LA MÚSICA

SALCEDO CAMPOS, FRANCISCO JAVIER

ISBN: 978-1-84753-677-8

Depósito legal: MA-1437-2007

MODELOS OCULTOS DE MARKOV: DEL RECONOCIMIENTO DE VOZ A LA MÚSICA

FRANCISCO JAVIER SALCEDO CAMPOS

Universidad de Granada

Agradecimientos

Quiero expresar mi más sincero agradecimiento a todas aquellas personas que, de un modo u otro, han contribuido a la elaboración de este libro. Gracias a mis compañeros, José Carlos Segura y Jesús Esteban Díaz por la inestimable ayuda a lo largo del presente trabajo. Quiero agradecer de un modo especial a Jesús E. Díaz la confianza que ha depositado en mí desde el principio, además de su tiempo invertido en la revisión de este libro. Por supuesto, a mi familia, por su ayuda, apoyo y comprensión en los momentos en que los necesité.

A mis padres
y a Silvia

En el principio estaba Eru, el Único, que en Arda es llamado Ilúvatar; y primero hizo a los Ainur, los Sagrados, que eran vástagos de su pensamiento, y estuvieron con él antes que se hiciera alguna otra cosa.... Entonces les dijo Ilúvatar: -Del tema que os he comunicado, quiero que hagáis, juntos y en armonía, una Gran Música... Entonces las voces de los Ainur, como de arpas y laúdes, pífanos y trompetas, violas y órganos, y como de coros incontables que cantan con palabras empezaron a convertir el tema de Ilúvatar en una gran música; y un sonido se elevó de innumerables melodías alternadas, entretejidas en una armonía que iba más allá del oído hasta las profundidades y las alturas, rebosando los espacios de la morada de Ilúvatar; y al fin la música y el eco de la música desbordaron volcándose en el Vacío, y ya no hubo vacío.... Se ha dicho que los coros de los Ainur y los Hijos de Ilúvatar harán ante él una música todavía más grande el fin de los días. Entonces los temas de Ilúvatar se tocarán correctamente y tendrán Ser en el momento en que aparezcan, pues todos entenderán entonces plenamente la intención del Único para cada una de las partes, y conocerán la comprensión de los demás, e Ilúvatar pondrá en los pensamientos de ellos el fuego secreto.

J. R. R. Tolkien, El Silmarilion

INDICE

INDICE DE FIGURAS

INDICE DE TABLAS

GLOSARIO

- ADSR (*Attack, Decay, Sustein and Release*) Ataque, decaimiento, sostenimiento y relajación.
- ASA (*Auditory Scene Analysis*) Análisis auditivo de la escena.
- CD (*Compact Disc*) Disco compacto.
- CDA (*Compact Disc Audio*) Disco compacto de audio.
- CHMM (*Continuous Hidden Markov Model*) Modelo oculto de Markov continuo.
- CSR (*Continuous Speech Recognition*) Reconocimiento de voz continua.
- CWR (*Connected Word Recognition*) Reconocimiento de palabras conectadas.
- DHMM (*Discrete Hidden Markov Model*) Modelo oculto de Markov discreto.
- EM (*Expectation Maximization*) Máxima verosimilitud.
- FFT (*Fast Fourier Transform*) Transformada rápida de Fourier.
- FN (*False Negative*) Falso negativo.
- FP (*False Positive*) Falso positivo.
- FSG (*Finite-State Grammars*) Gramáticas de estados finitos.
- HMM (*Hidden Markov Model*) Modelo oculto de Markov.
- HTK (*HMM Tool Kit*) Colección de herramientas de modelado oculto de Markov.
- IWR (*Isolated Word Recognition*) Reconocimiento de palabras aisladas.
- MFCC (*Mel Frecuency Cepstral Coeficients*) Coeficientes cepstrales en escala de frecuencias Mel.
- MIDI (*Musical Instrument Digital Interface*) Interfaz digital de instrumentos musicales.
- MP3 (*MPEG-1 audio layer 3*) MPEG-1 capa de audio 3.
- MPEG (*Moving Picture Experts Group*) Grupo de expertos en imágenes en movimiento.
- PA (*Percent Accuracy*) Porcentaje de precisión.

- PC (*Percent Correct*) Porcentaje correcto.

- PCM (*Pulse Code Modulation*) Modulación por código de impulsos.

- RIFF (*Resource Interchange File Format*) Formato de archivo para el intercambio de recursos.

- ROC (*Receiver Operating Characteristic*) Característica de funcionamiento del receptor.

- SCHMM (*SemiContinuous HMM*) Modelo oculto de Markov semicontinuo.

- TP (*True Positive*) Verdadero positivo.

- VQ (*Vector Quantization*) Cuantización vectorial.

- WER (*Word Error Rate*) Tasa de error de reconocimiento de palabras.

INTRODUCCIÓN

Los modelos ocultos de Markov han sido aplicados con éxito al reconocimiento del habla humana, en sus dos variantes principales: la transcripción de la comunicación oral y la identificación de locutores, existiendo desde hace varios años productos informáticos en el mercado que realizan estas tareas con gran eficacia.

La música representa otra forma de comunicación humana, en la que en vez de transmitirse ideas como en la voz, se expresan (o tratan de expresarse) sentimientos y sensaciones. Del mismo modo que ocurrió con el habla, en la que primero surgió la comunicación oral y después se desarrolló la escritura, la notación musical tal y como se conoce hoy en día empezó a desarrollarse en el siglo IX de nuestra era; aunque es sabido que los griegos desarrollaron varios modos de notación vocal e instrumental. El hecho de que la escritura se desarrollase antes que la notación musical es un indicador de lo que ocurre actualmente entre los sistemas para el reconocimiento automático del habla y los sistemas de detección de características musicales. Actualmente, las técnicas y los sistemas de voz están más evolucionados que sus equivalentes en música. Los motivos principales para que ocurra este hecho podrían ser éstos:

1. El mayor interés comercial por el desarrollo de sistemas para el reconocimiento automático del habla.

2. La variedad de los sonidos posibles y su estructuración en varios niveles simultáneos (polifonía) de las señales musicales.

Sin embargo, volviendo al símil entre ambos tipos de escritura y sus correspondientes técnicas de reconocimiento, puede inferirse que, al igual que la notación musical se apoyó en la escritura para desarrollarse, las técnicas de reconocimiento de características musicales pueden ser mejoradas a partir de las utilizadas en voz. Esta suposición, junto a la bondad de los modelos ocultos de Markov aplicados al reconocimiento del habla humana, conforma la principal motivación del presente trabajo, que es demostrar que dichos modelos pueden ser empleados con éxito a la música.

Los trabajos que existen actualmente en el campo del reconocimiento musical son muy especializados en general, es decir, las técnicas y procedimientos que utilizan están orientados a conseguir una funcionalidad específica, como la detección del ritmo, de la melodía, de los instrumentos, etc. Un inconveniente que presentan algunas de las técnicas y sistemas propuestos es que no se apoyan en las estructuras que provee la notación musical. Por ejemplo, para tratar de detectar el ritmo musical de una pieza, muchos métodos omiten la información sobre el compás, que es el elemento portador del ritmo en la notación musical. Por analogía, es como si en reconocimiento de voz se tratase de identificar fonemas sin tener en cuenta que éstos a su vez forman parte de palabras. Por tanto, el presente libro aborda el problema del reconocimiento de las características musicales apoyándose en los conceptos que permiten a la música ser escrita y, por supuesto, teniendo en cuenta los fenómenos físicos involucrados en el hecho musical.

La ausencia de estudios sistemáticos para determinar la extracción de parámetros de las señales musicales es otra de las características principales de la situación actual de los sistemas dedicados al reconocimiento musical. No es posible obtener un buen sistema de reconocimiento si se pierde información en el proceso de parametrización de la señal. Este es el segundo objetivo de este trabajo: determinar cuáles son las mejores formas de extraer parámetros de las señales musicales, para que los sistemas de reconocimiento que utilicen estas señales parametrizadas sean lo más eficaces posible.

En resumen, los dos objetivos principales del presente trabajo son, en primer lugar, demostrar que los modelos ocultos de Markov pueden ser utilizados con éxito en el reconocimiento de características musicales; y en segundo lugar, determinar una parametrización adecuada de las señales musicales.

El rango de aplicaciones prácticas que podrían desarrollarse a partir del presente trabajo es muy amplio. Entre ellas se pueden destacar:

- Detección del ritmo a partir del concepto de compás.
- Reconocimiento de notas musicales, a partir del cual se puede transcribir la melodía, tanto en monofonía como en polifonía.

- Indexación automática de piezas musicales en bases de datos a partir de su melodía.

- Clasificación automática de canciones por su estilo musical.

- Identificación de los instrumentos musicales que intervienen en una audición.

- Herramientas para la afinación de instrumentos.

Todas estas aplicaciones combinadas entre sí pueden dar lugar a nuevas utilidades. Por ejemplo, las tres primeras aplicaciones pueden usarse para desarrollar un sistema que ayude a detectar casos de violación de la Ley de la Propiedad Intelectual, reconociendo automáticamente similitudes entre muestras de música en diversos formatos como discos compactos, archivos musicales para teléfonos móviles, etc.

Disponer de una única técnica básica, los modelos ocultos de Markov, para el reconocimiento de las características musicales supone tres grandes ventajas:

1. Permitiría construir sistemas de detección para distintas características musicales con pocos cambios entre sí.

2. Los sistemas desarrollados serían fácilmente combinables para obtener nuevas aplicaciones.

3. El tratamiento de la señal musical puede ser común o muy similar entre sistemas de reconocimiento dedicados a distintas características musicales.

Desarrollo del libro

El desarrollo del presente trabajo se ha realizado separando los aspectos teóricos y generales del problema (aproximaciones al problema, fundamentos musicales, de los sistemas de reconocimiento y del modelado oculto de Markov), de los aspectos experimentales y específicos (bases de datos, determinación de parámetros, configuración y aplicaciones del sistema). De este modo, los siete capítulos en los que se ha dividido la memoria se pueden agrupar en dos bloques de tres y cuatro capítulos respectivamente. En los tres primeros se exponen los fundamentos teóricos sobre los cuales se asientan los sistemas propuestos en este trabajo y los antecedentes que acerca del problema existen en la bibliografía. Los cuatro últimos capítulos están dedicados a la descripción del proceso de desarrollo de los sistemas, desde la creación de las bases de datos, la determinación de las mejores parametrizaciones, de los modelos, su validación y algunas de sus aplicaciones. Por razones de coherencia en los contenidos, el Capítulo 4 recoge una parte teórica, relacionada con las bases de datos de muestras, referidas a la adquisición de señales y su parametrización.

En el primer Capítulo se expone una visión general del problema del reconocimiento de las características musicales, así como de las aproximaciones más importantes al mismo descritas en la bibliografía. El conjunto de soluciones existentes se presenta agrupado en función de la característica musical que son capaces de detectar.

A continuación, en el Capítulo 2, se describen los fundamentos musicales básicos para el desarrollo del presente trabajo. En él se exponen los conceptos de nota musical, escala, figura, ritmo, compás y timbre; y se explica la relación de las notas con sus frecuencias fundamentales y del ritmo con el compás. Al final se presenta una breve exposición de la clasificación de los instrumentos musicales.

El tercer Capítulo está dedicado a los fundamentos teóricos de los sistemas de reconocimiento y de los modelos ocultos de Markov. En primer lugar se hace una descripción general de los sistemas de reconocimiento, profundizando en los modelos ocultos de Markov. Sobre ellos se exponen los distintos tipos que existen en función de su arquitectura y de los observables producidos por los estados del modelo, su utilización para generar y evaluar secuencias de observaciones, así como los métodos para su entrenamiento. Finalmente se describen las particularidades de los modelos ocultos de Markov proporcionados por la herramienta empleada en el presente trabajo (HTK).

En el Capítulo 4 se describen las bases de datos utilizadas y el etiquetado de las unidades de reconocimiento en cada una de ellas. En la parte final del capítulo se exponen las técnicas necesarias para el preprocesado de la señal musical: adquisición de datos, segmentación y parametrización.

A continuación, en el Capítulo 5, se expone la sucesión de experimentos que conduce a la configuración del sistema de reconocimiento de compases y, posteriormente, los relativos al sistema de reconocimiento de notas musicales. La culminación de los procesos de mejora de ambos sistemas es la determinación de una parametrización, unos modelos y un procedimiento de entrenamiento óptimos para cada uno de ellos.

El sexto Capítulo describe diversas aplicaciones de los sistemas desarrollados anteriormente bajo distintas condiciones: reconocimiento de notas musicales en piezas polifónicas, en piezas monofónicas con instrumentos no utilizados en el entrenamiento del sistema, identificación de instrumentos musicales e indexación automática de archivos musicales por la melodía. Más adelante se exponen los resultados del sistema de detección de compases utilizado en la clasificación de estilos musicales, así como de los cambios necesarios en el mismo para poder realizar dicha tarea. Finalmente, el sistema desarrollado para la detección de notas musicales es modificado para que pueda realizar el reconocimiento de instrumentos musicales que intervienen en grabaciones monofónicas y polifónicas.

El último Capítulo está dedicado a las conclusiones sobre los resultados obtenidos. Finalmente, en cada una de las aplicaciones dadas a los sistemas, se esbozan las posibles mejoras que sobre éstos pueden realizarse en el futuro.

Es necesario señalar que, en la terminología utilizada en la presente memoria, se han empleado los acrónimos procedentes de los términos ingleses, por ser éstos los empleados en la bibliografía y los más difundidos entre la comunidad científica. Con el fin de facilitar la lectura y evitar confusiones, se incluye una lista de los acrónimos utilizados.

Finalmente, respecto a la terminología musical, se ha preferido utilizar la notación tradicional frente a la internacional. La notación tradicional es aquella que da nombres a las notas musicales (Do, Re, Mi, Fa, Sol, La, Si), mientras que la internacional les asigna una letra (c, d, e, f, g, a, b). Esta elección está justificada porque en España se utiliza la notación tradicional y, por tanto, el lector estará más familiarizado con los nombres de las notas, en lugar de sus letras.

CAPITULO 1

LA DETECCIÓN AUTOMÁTICA DE LAS CARACTERÍSTICAS DE LA MÚSICA

1.1 Introducción

El desarrollo de los ordenadores en los años 40 y 50 ha supuesto una revolución tecnológica sin precedentes, tan sólo comparable a la invención de la imprenta llevada a cabo por Guttenberg en el siglo XV. El hombre ha ido dejando en manos de los ordenadores tareas pesadas y monótonas como el cálculo numérico y el análisis de grandes cantidades de información, de forma que se han convertido en herramientas insustituibles para la investigación en muchos campos. En el ámbito comercial y productivo, éstos llevan siendo muchos años elementos dinamizadores de los procesos industriales, mejorando la calidad de los productos fabricados y disminuyendo los costes de producción. Este proceso de dinamización ha afectado también al sector de la informática en los dos sentidos: ordenadores más potentes y más económicos; lo que ha provocado una socialización de la informática. A esta amplia difusión se le añade el desarrollo de las comunicaciones digitales, incluyendo la red Internet, que se ideó por la necesidad de comunicación entre ordenadores de cualquier tipo. La conjunción de las dos tecnologías: informática y comunicaciones digitales constituyen lo que se llama "la revolución digital", que consiste en que cualquier tipo de información (textual, visual o sonora) puede ser creada, manipulada y almacenada por distintos dispositivos digitales (ordenadores, teléfonos móviles, etc.), y enviada a través de cualquier canal (telefonía analógica, digital, satélite, radio, etc.) a cualquier parte del mundo en la que se disponga de los medios adecuados.

Uno de los sectores más afectados por la revolución digital es el audiovisual, en el que se constata el dominio de los soportes y formatos digitales (CD, DVD, MP3, etc.) frente a los analógicos, debido en gran medida a que los primeros permiten su manipulación, almacenamiento y transmisión sin pérdida de calidad. Este hecho, junto con el aumento de la capacidad de almacenamiento de los sistemas informáticos, hace que se pueda manejar gran cantidad de grabaciones audiovisuales con relativamente pocos medios. Sin embargo, esto genera un nuevo inconveniente que es cómo almacenar y obtener eficientemente las grabaciones, pues cuando el número de ellas es superior a varios miles, no es factible que sea un operador humano el que las clasifique, sino que hay que recurrir a los propios ordenadores para que faciliten dicha tarea. En los casos en los que la información para realizar la clasificación venga dada explícitamente en la grabación (por ejemplo: título, autor, fecha de creación, etc.), y ésta pueda ser tratada directamente por el sistema informático, no será complicado hacer la clasificación de acuerdo con los criterios que decida el usuario o el administrador del sistema. Sin embargo, si dicha información se encuentra en el contenido de la grabación y es necesario extraerlos de manera automática, la complejidad del sistema aumenta, entonces hay que utilizar técnicas procedentes de diversas disciplinas para su desarrollo, entre las que pueden destacarse la Teoría de Señales y la Inteligencia Artificial.

La Inteligencia Artificial puede ser descrita como el estudio y la puesta en práctica de tareas que les resultan fáciles al hombre, pero que sin embargo le son difíciles a los ordenadores [Howe 1998]. Si nos centramos en grabaciones de tipo musical, las personas pueden, sin necesidad de mucho entrenamiento ni de conocimientos musicales, analizar y clasificar piezas musicales por su estilo (bolero, samba, rock, etc.), por su movimiento (Lento, Alegro, Adagio, etc.) o por las sensaciones que se perciben al ser escuchadas (relajante, alegre, triste, etc.). También es posible para una persona determinar cuáles son los instrumentos que intervienen en una composición musical o determinar el ritmo de la misma. Si además, quien analiza la melodía tiene conocimientos musicales y suficiente entrenamiento, puede ser capaz también de escribir la secuencia de notas musicales de la pieza escuchada. Sin embargo, la realización de este tipo de tareas empleando ordenadores es mucho más difícil.

El presente trabajo pretende abrir una nueva vía para extraer características musicales utilizando modelos ocultos de Markov, que se han mostrado exitosos en el

Reconocimiento Automático del Habla humana; y es ampliamente conocido que la otra forma de comunicación del hombre a través de sonidos es precisamente la expresión musical.

En este capítulo se van a detallar los principales problemas implicados en la extracción de características de la música y las diferentes soluciones que se han propuesto en cada caso.

1.2   El problema de la extracción de características musicales

La historia de la música se remonta a la prehistoria y sólo se pueden hacer suposiciones acerca de sus orígenes. La forma más primitiva de la música y uno de sus componentes fundamentales es el ritmo, que puede asociarse a fenómenos naturales como el latido del corazón, la respiración, la sucesión de los días, etc. Es precisamente el sentido del ritmo el que todos los humanos poseemos de manera innata junto con la sensación que nos produce la música de alegría, dolor, temor, etc. Lo cierto es que es tan antigua como el hombre mismo y es, probablemente, la mejor forma que tiene éste de expresar sentimientos y estados de ánimo.

Como ya se ha comentado anteriormente, a pesar de la facilidad que representa para el hombre extraer características musicales, en el caso de los ordenadores presenta una enorme complejidad y necesita ser abordado utilizando conocimientos y técnicas procedentes de distintas disciplinas:

- *Procesamiento de señales:* Aporta las técnicas necesarias para extraer información de la señal musical de forma que pueda ser procesada posteriormente por procedimientos automáticos.

- *Física (Acústica):* Aporta las técnicas necesarias para estudiar los fenómenos relacionados con el sonido, considerando sus propiedades, origen, transmisión y recepción.

- *Reconocimiento de patrones:* Provee de procedimientos para clasificar datos a partir de conocimientos a priori o de información estadística extraída de patrones. Los patrones que se utilizan en la clasificación son usualmente conjuntos de medidas u observables que definen puntos en un espacio multidimensional apropiado [Howe 1998].

- **Teoría de la información y las comunicaciones:** Establece los procedimientos necesarios para extraer la información relevante de la música, a partir de la caracterización en símbolos (notas, compases, etc.) de las posibles secuencias de datos.

- **Teoría de la música:** Establece las relaciones entre los sonidos (notas), el ritmo y su estructura (compases), la melodía (armonía) y los referentes a la interpretación musical como son los movimientos, la acentuación (matices dinámicos) y las modificaciones pasajeras de tiempo (matices agógicos). Finalmente, hay que añadir la parte que establece las reglas sintácticas para escribir e interpretar la música y sus signos (solfeo) [Seguí 1984].

- **Fisiología:** Pretende la comprensión de los mecanismos de alto nivel que tienen lugar dentro del cerebro relacionados con la percepción de la música.

- **Informática:** Estudia el uso de algoritmos eficientes para implementar, vía hardware o software, los algoritmos utilizados para extraer las características musicales y las aplicaciones prácticas que pueden desarrollarse a partir de ellos.

- **Psicología:** Intenta describir los procesos que explican cómo los compositores e intérpretes trasladan sus intenciones a la música, cómo los oyentes convierten los datos musicales en modelos estructurados, y cómo estos modelos cognitivos estructurados inciden sobre la respuesta afectiva de los oyentes.

Además de la multidisciplinaridad expuesta, existen algunos aspectos prácticos relacionados con la música y los sonidos que complican aún más el reconocimiento automático de las características musicales. Estas son las siguientes:

- **Continuidad.** En las composiciones musicales no existen separaciones claras entre las notas que permitan identificarlas aisladamente.

- *Variabilidad.* La música presenta un altísimo grado de variabilidad que depende de los factores asociados a la fuente de emisión: los instrumentos y las personas que los tocan. Los fenómenos de variabilidad se pueden clasificar en dos grandes grupos: espectral y temporal.

    1. *Variabilidad espectral:* Se debe a los instrumentos utilizados en la ejecución de las piezas musicales. Por una parte, cada tipo de instrumento produce un espectro de frecuencias propio (timbre), que permite diferenciarlo de los demás aunque produzcan la misma nota. Por otra parte, es posible ejecutar un tema musical utilizando una amplia combinación de instrumentos (polifonía).

    2. *Variabilidad temporal:* Se produce por las características de los instrumentos utilizados y por el instrumentista. En primer lugar, la misma nota, incluyendo duración, tocada con distintos instrumentos presenta distintas evoluciones temporales de la señal acústica debidas a las características físicas del instrumento. Por último, piezas musicales con idénticas notas y tocadas con el mismo instrumento presentan variaciones temporales debido a las diferentes posibilidades de interpretación del instrumentista.

- *Estructuración.* La señal musical contiene varios niveles de descripción, que en algunos casos está jerarquizada, de forma que se puede considerar que una pieza musical se compone, desde el nivel más básico, de notas, compases (conjunto de notas que estructuran el ritmo) y melodía (conjunto de compases que determinan el estilo musical) [Seguí 1984]. Cuando la música está compuesta por varias voces aparecen los llamados acordes, que son asociaciones de notas que se producen simultáneamente y que dan cuenta de una estructura temporal de las notas que pertenecen a las distintas voces.

- *Separación de fuentes.* Una grabación musical puede estar compuesta por varios instrumentos y voces (coros), hecho que complica el análisis de los componentes espectrales y temporales individuales de cada instrumento o de cada voz.

- **Inexistencia de una gramática.** Si bien en teoría cualquier señal musical susceptible de ser segmentada podría ser descrita por una gramática, en la práctica, no se han conseguido ofrecer soluciones o modelos generales por la falta de una teoría de la musicalidad sólida que pueda utilizarse para el análisis [Jordá 1990].

1.3   Tipos de reconocimiento

Los factores expuestos en el apartado anterior hacen inviable poder abordar el problema de forma global. Es por ello por lo que se necesita restringir el ámbito de la aplicación de los sistemas de reconocimiento automático de características musicales para conseguir unos resultados satisfactorios. Estas simplificaciones se centran en restricciones sobre las grabaciones y en la búsqueda de un número limitado de características musicales. En cuanto a las grabaciones, se establecen las siguientes:

- *Origen:* Los sistemas de reconocimiento automático de características musicales pueden trabajar con grabaciones reales o música sintetizada (MIDI[1]).

- *Estructura:* Estas limitaciones pueden afectar a la cantidad de instrumentos que intervienen (música monofónica o polifónica), o respecto al tipo elementos que se reconocen (compases o notas), y a la variedad de elementos del mismo tipo (respecto a las notas, sus figuras y escalas).

Atendiendo a las características musicales que se tratan de reconocer, los sistemas se pueden clasificar en 6 grupos[2]:

---

[1] MIDI es el acrónimo proveniente del inglés *Musical Instrument Digital Interface.* Define unas especificaciones físicas y un protocolo para comunicar notas e información musical entre sintetizadores, ordenadores, teclados y otros tipos de dispositivos musicales.

[2] Esta clasificación está basada en la propuesta por Eric Scheirer en su tesis doctoral [Scheirer 2000]. Para una mejor comprensión de la clasificación sería necesario introducir previamente conceptos como melodía, ritmo, estilo musical, etc., aunque por razones de orden metodológico éstos se recogen en el Capítulo 2 de Fundamentos Musicales

- *Detectores del ritmo:* Estos sistemas tratan de imitar la capacidad humana para detectar las periodicidades que se dan en la música a alto nivel. El ritmo es una característica musical objetiva y subjetiva a la vez, pues surge cuando se conjugan varios aspectos musicales como las notas, sus intensidades, sus timbres y su patrón de repeticiones en el tiempo; junto a la percepción individual del oyente [Large 1995].

- *Reconocedores de instrumentos:* Son sistemas que tratan de identificar los instrumentos o las familias de éstos que aparecen en una composición musical. Se basan en la detección del timbre musical, que es la característica que permite diferenciar unos instrumentos de otros [Scheirer 2000].

- *Detectores de melodía:* La finalidad de estos sistemas es extraer la melodía básica de una pieza musical con el fin de poder hacer una transcripción de la misma o para poder compararla con otras.

- *Reconocedores de estilos musicales:* Intentan clasificar automáticamente grabaciones identificando su estilo musical.

- *Detectores de sensaciones emocionales.* Estos sistemas tratan de imitar la capacidad humana de clasificar una pieza musical según la sensación que produce: aburrido, interesante, alegre, relajante, etc.

- *Reconocedores generales:* Se agrupan aquí los que permiten la detección de más de una característica musical.

En los siguientes apartados se desarrollarán las distintas aproximaciones al problema de la extracción de las características fundamentales de la música, correspondientes a la clasificación que se ha expuesto anteriormente.

1.4   Aproximaciones a la detección del ritmo

La habilidad de percibir el ritmo y su medida es la más fundamental de las capacidades que subyacen en la experiencia humana cuando se escucha música. Sin embargo, como ya se ha expuesto, modelar este fenómeno se ha mostrado muy complejo. La percepción del ritmo se refiere a la percepción de la periodicidad de la música. Un ejemplo cotidiano de percepción del ritmo se observa cuando escuchando una pieza musical se aplaude, o se baja y levanta el pie, acompañando la música. En cada aplauso o golpe de pie se marca físicamente la periodicidad que se percibe.

Esta es una de las características más ampliamente estudiadas y sobre la que existe una mayor variedad de soluciones, no sólo porque representa el aspecto más básico de la experiencia musical humana, sino por la gran aportación que este tipo de sistemas puede hacer a la construcción de otros sistemas de percepción generales. Según el trabajo de Jones y Boltz [Jones 1989], el aspecto rítmico de la música proporciona las pautas para focalizar y desviar la atención sobre características de la señal.

Povel y Essens desarrollaron en 1985 [Povel 1985] un algoritmo que podía, dada una secuencia de estímulos, identificar la frecuencia que un oyente identificaría como el ritmo de la secuencia. Los autores suponen que, en la percepción de los patrones temporales, los oyentes internamente generan un reloj jerárquico compuesto por varios períodos de duración flexible. El tiempo de cada período viene dado por la distribución de los cambios de intensidad (acentos) dentro de la pieza musical. Usando algunas reglas simples de colocación de los acentos, el algoritmo considera todos los relojes de dos niveles posibles para un patrón temporal dado y selecciona el que se ajusta más a las localizaciones de acentos. Obviamente, este trabajo está relacionado con la música pero su propósito es más general que ser aplicado a los estímulos musicales.

Large [Large 1996] propone un sistema compuesto por osciladores no lineales para detectar el ritmo musical. El modelo trata de captar la secuencia de eventos de la señal y minimiza el gradiente para actualizar el período y la fase de los osciladores. De esta forma, los osciladores resuenan en fase de acuerdo a la señal de entrada. El sistema propuesto parece modelar bastante bien la percepción humana del ritmo en la medida en que los osciladores imitan en cierta medida los "relojes internos" del oyente, que resuenan cuando son estimulados por la señal adecuada. Sin embargo, la validez de los resultados es limitada

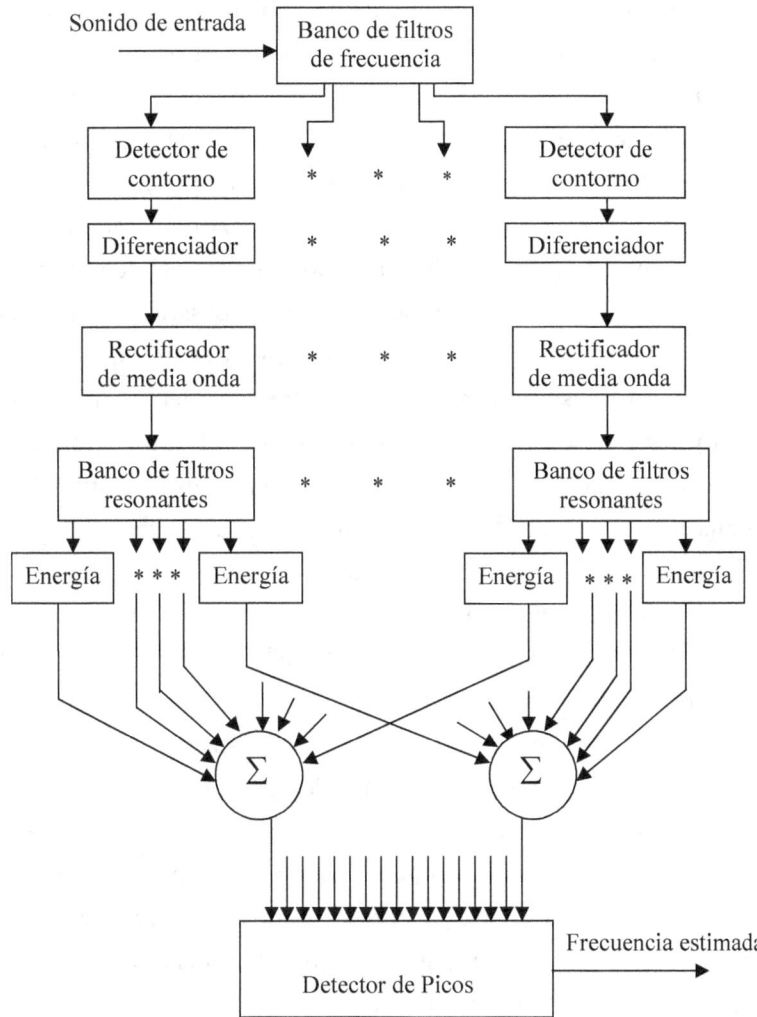

Figura 1.1: Vista esquemática del algoritmo de procesamiento de detección del ritmo basado en aproximaciones psicoacústicas [Scheirer 1998].

por la pequeña cantidad de grabaciones utilizada en los experimentos y por estar realizados sobre piezas monofónicas.

Eric Scheirer [Scheirer 1998] extrae el ritmo musical realizando una serie de transformaciones en la señal acústica basados en simplificaciones provenientes de la psicoacústica. Para realizar esa tarea, el sistema divide la señal de entrada en seis bandas. En cada una de estas subbandas se extrae la envolvente de la señal y se aplica la derivada;

posteriormente la señal resultante de cada una de las subbandas se pasa a través de bancos de filtros resonantes. Las salidas de los filtros se tabulan en el tiempo para saber cuáles se han activado y de esta forma se estima la fase de la señal musical. Finalmente se observan las salidas de los filtros resonantes, seleccionando la frecuencia del filtro que presenta mayor energía como el ritmo de la señal. Un esquema de este procedimiento se muestra en la Figura 1.1. Los resultados que ofrece este método son razonablemente buenos teniendo en cuenta que los experimentos se han realizado sobre música real de variados estilos.

Simon Dixon [Dixon 1999] propone un sistema basado en el desarrollo de un modelo local para el ritmo. Para ello trata de detectar los eventos que se producen en la señal y trata de relacionar las distancias temporales entre ellos dentro de un rango máximo. De esta comparativa resultan una serie de distancias, que el autor llama clases, que son evaluadas para determinar cuál es la más probable que represente el ritmo fundamental de la señal. La ventaja de este método es su sencillez y el hecho de que no necesita información de alto nivel. Sin embargo, sólo ha sido utilizado sobre ficheros MIDI.

Desain, Kappen y otros colegas del grupo de investigación de la Universidad de Nimega y de Amsterdam "Music Mind and Machine"[3] han contribuido ampliamente a solucionar el problema de la percepción del ritmo. Básicamente, sus autores modelan el ritmo de la señal musical como un sistema dinámico-estocástico, de forma que intentan hallar la función que determina el comportamiento del sistema.

Dado un cierto patrón temporal complejo (es decir, una secuencia de los intervalos de tiempo definidos por los inicios de acontecimientos en un patrón rítmico), tal función describiría la probabilidad con la cual el oyente espera que se produzca el inicio de un acontecimiento en cualquier punto de tiempo. Lo que diferencia unas propuestas de otras es la forma de calcular la función. En el primero de ellos [Cemgil 2000] los autores tratan de deducir dichas funciones a partir de piezas de música MIDI a las que se le ha aplicado un filtro de Kalman.

En otra [Desain 2000], lo que se hace es modelar la función utilizando un modelo probabilístico basado en el Teorema de Bayes. Su desarrollo está orientado hacia la transcripción automática de música. En el más reciente [Kappen 2002], el método propuesto trata de integrar la cuantización con la detección del ritmo. Para ello proponen un modelo que describe la estructura rítmica de las piezas musicales como una distribución

---

[3] El grupo de investigación Music Mind And Machine trabaja en el modelado computacional de los fenómenos cognitivos de la música, especialmente en la percepción de los aspectos temporales de la música como el ritmo.

sobre localizaciones cuantizadas. Las desviaciones de tiempo introducidas por los intérpretes (fluctuaciones del ritmo, acentos y errores) se modelan como fuentes de ruido independientes de tipo gaussiano. Dado el modelo, la cuantización del ritmo se formula como un problema de estimación de probabilidades y el del ritmo como un problema de filtrado. La estimación de los parámetros para obtener las respectivas distribuciones se realiza utilizando el método de Monte-Carlo. El sistema se estima y se prueba utilizando música real de piano. Hay que destacar la solidez de los fundamentos matemáticos de todas las propuestas del grupo "Music Mind and Machine". Sin embargo, los modelos propuestos no han sido suficientemente validados en experimentos con una amplia base de datos de grabaciones musicales.

1.5   Aproximaciones al reconocimiento de instrumentos

El timbre es la característica que permite diferenciar a un oyente entre distintos instrumentos musicales. También posibilita la caracterización del intérprete e identificar a las personas por su voz o a un perro por su ladrido. A diferencia del tono o altura, del nivel de sonoridad y de la duración de un sonido, el timbre es un atributo multidimensional y consiste en un conjunto de datos informativos que permiten la identificación por un individuo de la fuente de emisión de la señal sonora [Scheirer 2000].

Subjetivamente, existe un abanico de adjetivos relacionados con el timbre de un sonido y que, en conjunto, contribuyen al diseño del atributo. Así, en función del instrumento que se utilice y el matiz que le imprima el intérprete a una nota, ésta puede ser apreciada subjetivamente como fría/caliente, dura/suave, brillante/apagada/alegre, etc.

Físicamente, el timbre está esencialmente determinado por el espectro de la señal y por su envolvente. La estructura del espectro incluye el número, magnitud y espaciado de las líneas espectrales, la fluctuación espectral, la presencia o ausencia de altas frecuencias, el ancho de banda de la señal y la energía aportada a la misma por los armónicos en relación con la energía total [Winckell 1967].

Los esfuerzos más destacados, tanto por sus resultados en la determinación correcta del instrumento, como por la cantidad de instrumentos que pueden reconocer, se presentan a continuación.

Martin [Martin 1998] propuso un sistema basado en la detección de la frecuencia fundamental, al que luego se le aplicaba un clasificador de los k vecinos más cercanos (en inglés, "k-nearest neighbour" o clasificador k-NN) cuyo poder de discriminación es aumentado a través de un análisis para reducir las dimensiones de los datos, llamada "Análisis de Discriminación Múltiple de Fisher" [McLachlan 1992]. El sistema es capaz de distinguir entre 14 instrumentos en el 72% de los casos y entre las 5 familias a las que pertenecen dichos instrumentos en un 93%.

Fujinaga y Fraser [Fujinaga 2000] aplican un algoritmo genético para encontrar una buena combinación de características musicales entre las que se incluyen los cambios espectrales de la envolvente, irregularidades espectrales, etc.; que permitan obtener buenos resultados a un clasificador k-NN. Este método consigue determinar en el 68% de los casos el instrumento del que se trata de un conjunto de 23.

Kaminskyj y Materka [Kaminskyj 2000] utilizan características derivadas de la energía de la envolvente y usan un clasificador k-NN y una red neuronal para determinar el instrumento. Este sistema es capaz de identificar 19 instrumentos distintos con un 82% de aciertos.

Eronen y Klapuri [Eronen 2000] proponen un sistema que reconoce instrumentos y sus familias. Para ello se extraen una amplia gama de características espectrales y temporales de la música como coeficientes cepstrales, tiempos de subida y de bajada, frecuencias de modulación en amplitud, frecuencias fundamentales, etc. En total se calculan 24 características sobre ventanas de la señal musical, que posteriormente son clasificadas para determinar cuál es la familia y el instrumento que produjo la señal. Los resultados del sistema han sido probados utilizando una amplia base de datos de grabaciones de solos, siendo buenos para determinar la familia (un 94% de aciertos) pero algo más limitados cuando se trata de determinar los instrumentos (el 80%). A pesar de ello, el trabajo de Eronen y Klapuri puede considerarse el mejor de los que existen por el momento, tanto por el número de instrumentos considerados (34), como por el de sus familias (6), así como por los resultados obtenidos en el reconocimiento.

Finalmente, uno de los últimos trabajos en esta área tiene como principal aportación la posibilidad de conocer cuales son las mejores características diferenciales para el reconocimiento entre dos instrumentos dados [Essid 2004]. El sistema combina un clasificador gaussiano con densidades mezcla junto con una selección de características específicas de la señal para distinguir parejas de instrumentos. Inicialmente, los autores eligieron un conjunto de características relacionadas con la modulación de la señal en amplitud, características espectrales y la intensidad de la señal por octavas. Posteriormente, a partir de una base de datos de solos de 10 instrumentos distintos y del método de selección de características musicales llamado por los autores IRMFSP (*Inertia Ratio Maximization using Feature Space Projection*), se obtiene un conjunto reducido de características específico para cada pareja de instrumentos. Los resultados experimentales se obtienen empleando los clasificadores gaussianos entrenados previamente, para tratar de identificar los instrumentos que aparecen en las muestras musicales de solos, obteniéndose un 79% de reconocimientos correctos.

1.6 Aproximaciones a la detección de melodías

Probablemente este sea uno de los problemas más estudiados en lo que respecta a la música, debido a que la característica musical que se intenta extraer es el "pitch"[4], que es utilizado en los sistemas comerciales para convertir la interpretación de una pieza musical monofónica a una representación simbólica como la notación musical tradicional. Los siguientes párrafos recogen las aportaciones más destacadas de los últimos años.

Una de las más originales aportaciones es la propuesta por Lindsay [Lindsay 1996]. En ella se utiliza un detector de pitch basado en la transformada constante-Q. Posteriormente, el resultado se segmenta calculando los puntos donde existe un cambio abrupto de la energía de la señal. Por último, en cada segmento se aplica un filtro por mediana y se obtiene la estimación de la nota en dicho intervalo. La mayor ventaja del sistema viene dada por su simplicidad y versatilidad, pues el autor demuestra que puede ser aplicado a la indexación musical usando también la voz humana. La gran limitación es que no incorpora el ritmo en la descripción musical, lo que dificulta la comparación de piezas iguales tocadas a diferente ritmo.

Kashino [Kashino 1998] propone un sistema basado en un procesado a bajo nivel, a través del tratamiento de la señal, y otro de alto nivel, en el que incorporan información sobre probabilidades de transición entre notas. El proceso se basa en la extracción de la frecuencia fundamental de la señal musical, a la que posteriormente se compara con

---

[4] La definición psicoacústica ANSI del término, establece que el pitch es el atributo de los sonidos a través del cual pueden ser ordenados en una escala de bajos a altos. El pitch coincide con la frecuencia fundamental de las notas cuando se trata de música monofónica. Cuando se analizan piezas polifónicas aparecen las propiedades subjetivas del pitch, es decir, la frecuencia que se percibe en cada instante no tiene porqué corresponderse con la frecuencia fundamental en ese mismo instante. A pesar de ello, muchos sistemas se refieren a detección de pitch cuando realmente están determinando la frecuencia fundamental. Por consistencia con la literatura, en todos los casos que se van a exponer a continuación se utilizará el término pitch.

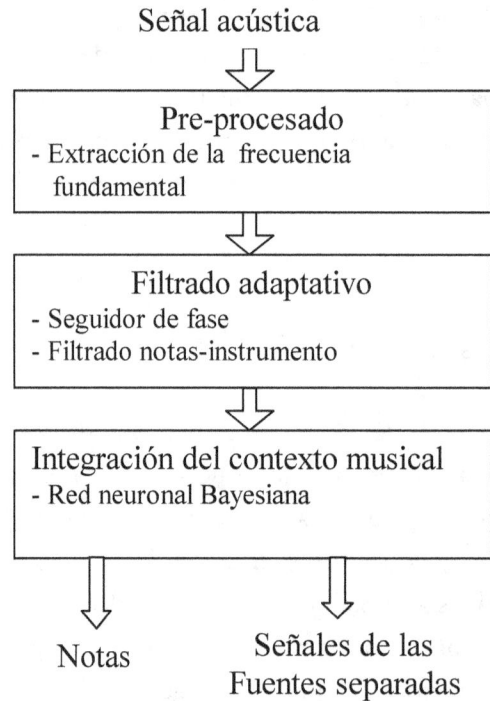

Figura 1.2: Procedimiento para la detección de melodías polifónicas utilizando información del contexto musical [Kashino 1998].

muestras de notas producidas por distintos instrumentos. El resultado se pasa por una red neuronal bayesiana que incorpora la información contextual musical, obteniéndose como resultado los instrumentos que aparecen en la pieza musical y la melodía (Figura 1.2). El sistema es capaz de identificar correctamente el 88,5% de las notas musicales emitidas por tres instrumentos diferentes en piezas polifónicas. Los resultados son bastante buenos teniendo en cuenta que se trabaja sobre grabaciones reales. Sin embargo, tiene el inconveniente de que, a medida que el número de instrumentos que se pretenda reconocer aumente, aumentarán las necesidades de cálculo del sistema.

Klapuri [Klapuri 2001] desarrolla un método para detectar múltiples frecuencias fundamentales en una señal polifónica. El algoritmo consiste en dos partes principales que se emplean de forma iterativa. La primera parte calcula el pitch predominante de la señal, mientras que la segunda estima el espectro de dicha señal dominante, que a su vez se resta de la señal original. Los pasos de estimación y sustracción se repiten entonces para la señal residual y así sucesivamente. El esquema del algoritmo está representado en la Figura 1.3. El sistema funciona razonablemente bien cuando las grabaciones contienen sonidos

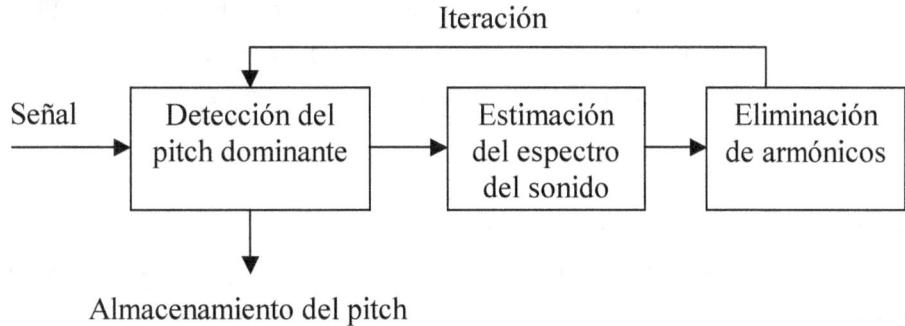

Figura 1.3: Algoritmo iterativo para la estimación y separación de las frecuencias fundamentales en señales musicales polifónicas [Klapuri 2001].

diversos, como canción vocal, instrumentos de cuerda o de viento e instrumentos de percusión. El inconveniente es que no ha sido verificado sobre grabaciones musicales polifónicas reales.

Más recientemente, Durey y Clements [Durey 2002] han propuesto un sistema basado en modelos ocultos de Markov (*Hidden Markov Models*) para la indexación automática de audio. El sistema utiliza tres tipos de parámetros distintos extraídos de las señales musicales:

1. Los coeficientes de la FFT[5] que se corresponden con las frecuencias fundamentales de las notas.
2. Los parámetros resultantes de aplicar un banco de filtros en escala Mel a la señal.
3. Los coeficientes cepstrales en escala Mel[6] (MFCC[7]).

Los modelos de Markov se entrenan con cada uno de estos grupos de parámetros y posteriormente se aplican para detectar secuencias de distinto tamaño de melodías. Finalmente, en la parte del reconocimiento, se aplica una gramática en la que se incluye la melodía que se pretende detectar, con penalizaciones entre las transiciones de las notas.

---

[5] FFT es el acrónimo del término inglés "Fast Fourier Transform", que significa transformada rápida de Fourier. Se trata de un algoritmo para calcular eficientemente la Transformada de Fourier de señales discretas.

[6] La escala Mel es una escala de tipo perceptual que ha sido utilizada ampliamente en el reconociminento automático del habla. Se tratará con mayor profundidad en el Capítulo 4.

[7] MFCC es el acrónimo del término inglés "Mel Frecuency Cepstral Coefficients", que son los coeficientes resultantes de aplicar la transformada inversa de Fourier al filtrado de la señal en un banco de filtros equiespaciados en la escala Mel. Los coeficientes MFCC se explicarán más detalladamente en el Capítulo 4.

Los mejores resultados se producen para los coeficientes de la FFT: entre el 90 y 95% de aciertos para melodías compuestas entre 3 y 15 notas; y para los MFCC con un porcentaje de aciertos de 85 a 95%. A pesar de la bondad de los resultados, el sistema presenta una serie de deficiencias:

a) Ha sido testado sobre música MIDI monofónica.

b) No se ha realizado un estudio más exhaustivo sobre la parametrización de las grabaciones.

c) La introducción de la gramática en la parte del reconocimiento sólo se emplea para realizar la detección de la melodía en los archivos musicales. Aunque la utilización de una gramática no se corresponde a la realidad de la música, como se ha explicado anteriormente en el Apartado 1.2, sí es posible aprovecharla para mejorar el reconocimiento de notas musicales.

1.7   Aproximaciones a la detección del estilo musical

En el caso de la clasificación musical no existe un conjunto de características musicales a partir de las cuales pueda estudiarse el estilo musical. En la mayoría de los casos se aplican técnicas de reconocimiento de patrones para atacar este tipo de problemas. A continuación se exponen algunos de los últimos esfuerzos para resolver el problema de la clasificación musical.

Dannenberg [Dannenberg 1997] desarrolló un sistema de reconocimiento de patrones que permitía clasificar el estilo de interpretación de los solos de trompeta en 4 y 8 estilos: lírico, sincopado, frenético y puntualizado; a los que más tarde se añaden blues, familiar, alto y bajo. Para ello se extraen de las grabaciones MIDI un conjunto de 13 características de la señal como la varianza y valores de pico del pitch, la densidad de notas, etc. Por ultimo, realiza la clasificación usando tres tipos de clasificadores distintos: una red neuronal, un clasificador bayesiano y otro lineal. El mejor resultado con cuatro estilos los proporciona el clasificador lineal con un 99,4% de efectividad. Al ampliar el número de estilos a ocho el mejor clasificador resulta ser el bayesiano, con un 90%, que en media es el mejor de los tres para ambos casos. El sistema parece bastante efectivo y rápido por su sencillez. Sin embargo, sólo se ha probado con señales MIDI monofónicas de un sólo instrumento. Sería necesario ampliar el ámbito de aplicabilidad para comprobar que sigue ofreciendo buenos resultados o, por el contrario, hay que ampliar el número de características que se extraen de la señal.

Vidal y Cruz [Vidal 1997] aplican un modelo basado en un conjunto de algoritmos que, mediante entrenamiento, tratan de aprender la gramática subyacente de las grabaciones de cada estilo musical. A este método se le denomina Inferencia Gramatical. El reconocimiento se aplica a tres estilos distintos: gregoriano, Bach y Joplin. La tasa de reconocimiento de este sistema se sitúa en un 86,7%, aunque no parece un método muy prometedor, pues la tasa de reconocimiento es baja si se tiene en cuenta que la clasificación se ha realizado sobre tres estilos muy diferentes, a partir de MIDI monofónico.

Lambrou y otros estudian en su artículo [Lambrou 1998] qué parámetros estadísticos y qué clasificadores son los mejores para realizar clasificación musical. Los parámetros utilizados son parámetros estadísticos de primer y segundo orden: la media, sesgo, varianza, coeficientes de correlación y de entropía entre otros, a los que se añade el número de pasos por cero. Los clasificadores que se evalúan son: distancia euclídea, de mínimos cuadrados y de cuadratura. La evaluación se realiza sobre ficheros MIDI de tres estilos distintos y los mejores resultados los ofrece el clasificador de mínimos cuadrados cuando se representa el sesgo frente a la entropía con un 91,7%. La validez de los resultados obtenidos es limitada por la exigua base de datos de grabaciones utilizada y por los pocos estilos musicales a los que se ha aplicado.

Soltau junto a otros colegas [Soltau 1998] proponen un sistema basado en redes neuronales para realizar la clasificación de cuatro estilos musicales. Lo que hace el sistema es extraer coeficientes cepstrales de la señal que se utilizan como entradas de una red neuronal de tres capas con la finalidad de detectar la secuencia de eventos de la señal, que resulta de la activación de las neuronas de la capa intermedia (Figura 1.4). Posteriormente esta secuencia de eventos se analiza para detectar las coincidencias de eventos simples, parejas y tríos para cada estilo musical. Una vez determinadas las secuencias de eventos características se entrena una red neuronal con dicha información para que pueda clasificar los estilos musicales. La tasa de reconocimiento resultante es del 86,1%, realizado con grabaciones musicales reales. El resultado es bueno teniendo en cuenta que se trata de música real. Sin embargo, es necesario realizar muchas transformaciones de forma un tanto artificiosa para disponer de una red neuronal que pueda clasificar estilos musicales.

El sistema propuesto por McKay y Fujinaga [McKay 2004] utiliza también redes neuronales para realizar la clasificación de los estilos musicales. A diferencia del propuesto por Soltau, combina redes neuronales con propagación hacia delante con clasificadores k-

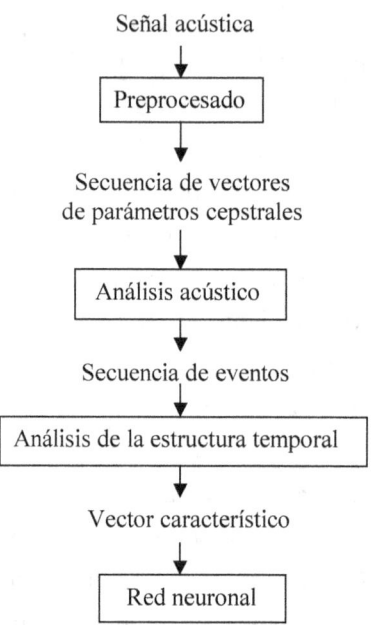

Figura 1.4: Estructura un sistema de clasificación de estilos musicales basado en una red neuronal [Soltau 1998].

NN para reducir el tiempo de entrenamiento. Se extraen de la señal un conjunto de 109 características distintas relacionadas con la textura musical, el ritmo, la melodía, los coros, los instrumentos, y la dinámica de la señal. La clasificación se realiza jerárquicamente, de modo que en principio se determina el género superior (clásico, jazz o popular) de la pieza, y posteriormente en la segunda etapa de clasificación se determina el estilo musical básico (barroco, moderno, romántico, bebop, funky, swing, country, punk o rap). El sistema se ha evaluado con una base de datos con 950 archivos de música en MIDI. El sistema es capaz de clasificar correctamente el género de las muestras en el 98% de los casos, mientras que el 90% realiza correctamente la identificación del estilo básico. Aunque los resultados son prometedores por la cantidad de estilos que es capaz de manejar, al igual que en otros trabajos anteriores, la señal musical procede de archivos MIDI, lo que resta importancia a los resultados hasta que no sean verificados sobre grabaciones reales.

Simon Dixon y otros colegas [Dixon 2004] proponen un sistema para clasificar estilos musicales basado en un clasificador llamado AdaBoost [Freund 1996] y en la realización de un procesado de la señal, de la que se extraen el patrón rítmico y otras magnitudes estadísticas derivadas del mismo, como la amplitud máxima, la amplitud relativa y la desviación estándar del patrón de amplitudes, etc. De este modo se consigue un 96% de clasificación correcta de las muestras de una base de datos compuesta por grabaciones reales pertenecientes a 8 estilos musicales diferentes: chachachá, swing, quickstep, rumba, samba, tango, vals vienés y vals.

1.8 Aproximaciones a la detección de las sensaciones emocionales

Los expertos en Psicología Musical se han dedicado ampliamente al estudio de la forma en la que la música transmite emociones a los oyentes [Krumhansl 2002]. De hecho, esta propiedad se considera la finalidad principal de la música. Sin embargo, los expertos no tienen aún claro si la música sólo provoca emociones o, además, representa o expresa por sí misma dichas emociones [Dowling 1986]. En otras palabras, no hay definida una semántica musical, y en el caso de que esta semántica pudiera definirse de algún modo, no se conoce hasta qué punto puede estar afectada por aspectos culturales.

No obstante, la problemática acerca de una semántica musical no es tarea para ser abordada en este libro. A continuación se presentarán dos de los esfuerzos descritos en la bibliografía para la determinación de características emocionales de la música.

Juslin [Juslin 1997] realizó un experimento en el que guitarristas profesionales debían tocar una breve pieza musical de forma que expresaran cuatro emociones básicas para los oyentes. Después analizó las correlaciones del ritmo de las señales acústicas, el tiempo entre eventos y el nivel de sonido de las grabaciones, tratando de relacionarlas con las emociones que se pretendían provocar. El resultado que obtuvo fue que para los oyentes resultó muy fácil identificar la intención de cada interpretación de los guitarristas, mientras que no fue posible identificar exactamente qué parámetros físicos conviene utilizar para determinar las emociones expresadas en las grabaciones.

Se ha escrito mucho, especialmente por los musicólogos, acerca de la manera en la cual la música es entendida o el oyente percibe una sensación. Entre ellos cabe destacar el modelo propuesto por Lerdahl y Jackendoff [Lerdahl 1983], que permite describir de manera formal las intuiciones musicales de un oyente entrenado musicalmente en algún estilo particular. Posteriormente, Lewin desarrolló un sofisticado modelo fenomenológico de la música [Lewin 1986] en el que se relacionan la percepción estructural, la memoria y la expectación.

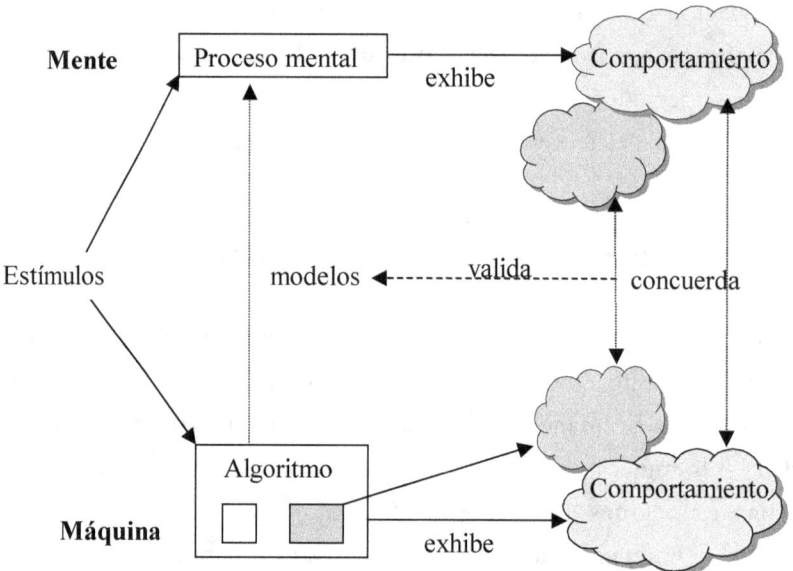

Figura 1.5: Esquema de la validación psicológica de un modelo computacional propuesta por Desain. Este esquema puede ser usado en la comparación de modelos perceptuales de la música [Desain 1998].

La amplia variedad de modelos acerca de la percepción musical, cada uno de ellos con su propio formalismo, e incompatibles entre sí, hace muy difícil su comparación y verificación. En un artículo de 1998, Desain y otros [Desain 1998] proponen un método para validar un modelo computacional que simula un comportamiento psicológico, lo que permitiría evaluar y comparar modelos computacionales, conduciendo así a una mejor comprensión de la estructura del conocimiento musical y de los procesos implicados en la cognición de la música. Ellos sugieren que, para validar un modelo computacional, no es suficiente la simple comparación de los comportamientos del algoritmo con el humano, pues entonces, para obtener un buen sistema que simule una capacidad humana, bastaría con una tabla suficientemente grande de entradas con sus salidas asociadas. Desain argumenta que, para que la validación sea correcta, es preciso conocer en detalle el sistema y diferenciar en él las partes que son originadas por la teoría y las que se deben a aspectos relacionados con la construcción. Si se presta atención sólo a los subprocesos relacionados con la teoría, cada uno de ellos es responsable de una parte del comportamiento observado del sistema y, por tanto, debe corresponder a una parte análoga del comportamiento humano. Esto significa que cada uno de los subprocesos puede ser testado aisladamente, lo que para los autores es una fuerte evidencia de que el sistema total está simulando correctamente el proceso mental humano. Un esquema del proceso de validación propuesto se muestra en la Figura 1.5.

Uno de los últimos trabajos publicados [Liu 2003] propone un sistema capaz de detectar automáticamente cuatro emociones básicas: alegre, triste, frenética y exuberante. Para ello se basa en el modelo jerárquico de emociones de Thayer [Thayer 1989], que consiste en un método jerárquico para la clasificación de emociones a partir de unas características dadas. Liu propone utilizar diversas características relacionadas con el timbre, la intensidad y el ritmo, que son extraídas directamente de la señal en el caso las características asociadas al ritmo, y por sub-bandas en lo que respecta a la intensidad y el timbre. Para modelar cada grupo de características se utiliza un modelo gaussiano con coeficientes mezcla. De este modo, cada archivo musical se clasifica primero en función de las características asociadas a la intensidad de la señal en uno de los dos grupos de emociones: alegre-triste o exuberante-frenética. Posteriormente, dentro de su grupo se determina la emoción concreta (alegre/triste o exuberante/frenética) atendiendo a las características relacionadas con el timbre y el ritmo. Los experimentos se han realizado sobre una base de datos de 800 fragmentos musicales extraídos y clasificados por tres expertos musicales. La media de clasificaciones correctas de las 4 emociones es del 86%. Así mismo, los resultados demuestran que el sistema de clasificación jerárquica de emociones es mejor que su análogo de clasificación en un solo paso.

1.9   Aproximaciones a la detección de varias características musicales

En este apartado se han agrupado los sistemas que exploran más de una característica musical o, más correctamente, los que tratan de resolver el problema de Análisis Auditivo de la Escena (en inglés "Auditory Scene Analysis", abreviado ASA). Este campo es una parte de la Psicoacústica que trata de comprender la forma en la que el sistema auditivo y los procesos mentales analizan los sonidos complejos producidos por múltiples fuentes que cambian continua e independientemente las características de las señales que emiten. Las aproximaciones más destacadas y novedosas son las que a continuación se presentan.

Ellis [Ellis 1996] describe un sistema que permite analizar el sonido y separar componentes perceptuales de mezclas de sonido ruidosas. Este es un problema difícil de resolver, pues si se basa en la detección continua de las frecuencias fundamentales, a veces

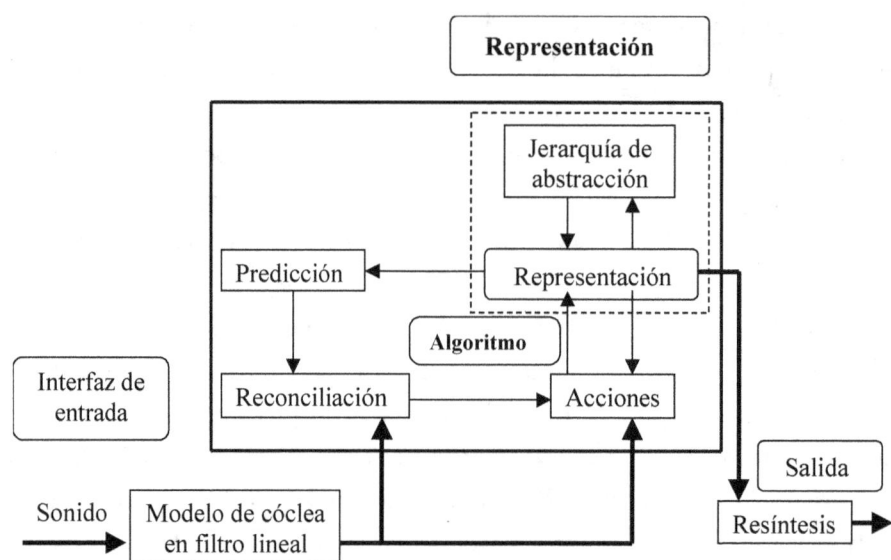

Figura 1.6: Diagrama de bloques de un sistema para el análisis de sonidos basado en la predicción y confirmación de hipótesis [Ellis 1996].

éstas no aparecen en la señal. Este método es el primero que posee la habilidad de mantener un estímulo ilusorio continuo. Además Ellis realizó un estudio psicoacústico para determinar qué es lo que escuchan los humanos en situaciones ruidosas, concluyendo que su sistema mostraba unos resultados parecidos. La Figura 1.6 muestra un esquema de bloques de la solución propuesta por Ellis. El gran inconveniente del procedimiento es que necesita disponer de una base de datos de sonidos reales, en función de la situación, para que pueda funcionar razonablemente bien.

Martin, basándose en el trabajo de Ellis [Martin 1996], demuestra en su disertación que el uso de los diagramas de autocorrelación (autocorrelación en cortos períodos de tiempo de las frecuencias de la señal) puede ser usado como apoyo al modelo de predicción. De hecho, muestra cómo relacionar los parámetros extraídos de los diagramas de autocorrelación con las propiedades físicas de los instrumentos musicales. El sistema es capaz de extraer las melodías de música polifónica simple. Este sistema tiene el mismo problema que el anterior propuesto por Ellis, que es la cantidad de muestras musicales que necesita la base de datos para que el procedimiento sea operativo. Por otra parte, los resultados no son concluyentes puesto que la transcripción se ha realizado sobre una única grabación MIDI.

Nawab y Mani [Nawab 1999] construyen un sistema basado en filtros adaptativos controlados por predicciones de evolución con información de alto nivel como el número de notas que están presentes a la vez, qué pasa cuando hay cambios de nota, etc. El método propuesto consiste en un banco de filtros adaptativos de constante Q, con el que tratan de detectar y hacer un seguimiento en cada instante de las frecuencias de la señal. Una vez localizadas dichas frecuencias, el sistema trata de predecir la evolución de cada una de ellas y, en el caso de que haya alguna inconsistencia en la información recibida a través de los filtros (ausencia o aparición de frecuencias), el sistema trata de identificar qué ha ocurrido para poder continuar el seguimiento. El método parece robusto, pero sólo ha sido evaluado sobre señales polifónicas MIDI de dos violines. Por otro lado la complejidad computacional, que ya es alta para polifonía con dos notas simultáneas, aumentará aún más si se necesitan extraer las melodías de polifonía con tres o cuatro notas simultáneas.

Finalmente Abdallah y Plumbey [Abdallah 2004] presentan un sistema que descompone linealmente el espectro de una señal usando un modelo de ruido multiplicativo. Dicho modelo procede de considerar la estimación de la varianza como un vector aleatorio gaussiano, mientras que el modelo generativo del espectro está basado en análisis de componentes independientes. Los autores suponen que el espectro de energía de la señal está producido por la superposición lineal de espectros atómicos procedentes de un diccionario. Este diccionario es entrenado y adaptado a partir de un conjunto de muestras de señales. Cuando el sistema se aplica sobre música polifónica, el sistema construye un espectro esquematizado de la señal, en el cual se refleja la presencia o ausencia de notas musicales, y que básicamente es el espectro "limpio" de la señal original. La evaluación ha sido realizada sobre una grabación musical de piano, arrojando un resultado prometedor de reconocimientos correctos de notas musicales (99%). No obstante, es necesario disponer de una estadística más amplia, con mayor número de grabaciones e instrumentos para conocer la efectividad real del sistema propuesto por Abdallah.

1.10 Características globales de los estudios previos

En los apartados anteriores se ha realizado una revisión de las distintas aproximaciones al problema de la extracción de características musicales. Aunque algunos aspectos han sido más estudiados que otros, sin embargo, se pueden extraer algunas características comunes para todos ellos:

- Resultados limitados. La mayoría de los sistemas propuestos no pueden ser aplicados a cualquier tipo de señales musicales (polifónica, reales, distintos instrumentos, etc.), o bien, no han sido exhaustivamente testados con un número estadísticamente aceptable de casos.

- Soluciones parciales. No existe ninguna técnica que permita abordar el reconocimiento de todas las características musicales, aunque para ello deba utilizarse de forma específica en cada caso.

- No se está utilizando información sobre la estructura musical en los sistemas, con lo cual se está perdiendo capacidad de interpretación y de identificación de las características musicales.

CAPÍTULO 2

FUNDAMENTOS MUSICALES

2.1   Introducción

La música es una de las actividades en la que más se manifiestan las diferencias entre las personas y los animales. La música está presente en muchos aspectos de la cultura humana, se utiliza en las películas, en las fiestas, en los eventos deportivos, en las ceremonias religiosas, etc. Probablemente no existe ninguna otra forma de expresión que usemos tan ampliamente y de tantas formas. Sin embargo, a pesar de ello, y como ya se apuntó en el capítulo anterior, todavía no se han conseguido realizar sistemas artificiales que imiten la capacidad humana para extraer características musicales de alto nivel. Dejando a un lado los aspectos técnicos del problema sería necesario indagar un poco en el concepto de Música.

"Música se define como el arte de combinar los sonidos con el tiempo." [Seguí 1984]

En esta definición aparecen tres palabras clave: arte, sonidos y tiempo. Veamos qué es lo que sugiere cada una de ellas.

Arte. Seguramente es el término más importante de los tres y el que condiciona los límites de lo exigible a un sistema artificial. En primer lugar, hay que decir que no existe una definición de arte que sea trascendente histórica y culturalmente, y que además sea neutra. Los expertos no pueden, aunque esta parece ser una de las obsesiones más generalizadas, encontrar una definición de arte que satisfaga a todos, toda respuesta es contingente y tiene una implicación muy importante con el contexto sociocultural. Véase como ejemplo la definición de arte que recoge el diccionario enciclopédico Larousse [Larousse 1979]:

"Acto o facultad mediante el cual, valiéndose de la materia, de la imagen o del sonido, imita o expresa el hombre lo material o lo inmaterial, y crea copiando o fantaseando."

Esta definición parece adecuada, pero el interrogante surge cuando nos preguntamos lo siguiente: si el arte expresa una idea o una sensación, ¿no debería ser reconocida inequívocamente por cualquier persona? ¿El hecho de la creación es arte en sí mismo, o necesita ser reconocido por otros? O, más concretamente, ¿se puede hablar de Semántica en las artes? En estos aspectos los expertos no se ponen de acuerdo. Lo que sí se puede asegurar de algún modo es que el arte no surge de meras estructuras, aunque sin ellas no podría existir, ya que toda creación consiste básicamente en generar formas de entre el caos circundante, y reposa sobre una dialéctica entre el orden y el desorden; concretamente en música, entre melodía y ruido. Una vez descritas las implicaciones de que la música sea un arte, parece lógico pensar que a un sistema artificial que trabaje con música lo que se le puede exigir es que sea capaz de reconocer las estructuras musicales, que son las que permiten que la música pueda escribirse.

Sonidos. Pueden considerarse la base fundamental de la música. Desde el punto de vista de la Psicoacústica es la sensación que se experimenta cuando llegan a nuestro oído las ondas de presión producidas por la vibración de un cuerpo sonoro. Esta sensación está delimitada en sus extremos por el sonido propiamente dicho y por el ruido, siendo difícil determinar cuándo un sonido pasa a ser ruido y viceversa. La música realiza una clasificación de los sonidos, para poder utilizarlos, en notas que, a su vez, se catalogan por escalas. Físicamente, cada nota se puede asociar a una frecuencia fundamental y una serie de armónicos que varían en función del instrumento que produce la nota. Parece que, en este caso, sí existe un parámetro físico claro que el sistema debe ser capaz de detectar.

Tiempo. El concepto de tiempo es otro término espinoso que acompaña al hombre en todo momento. La definición de tiempo en Física [Larousse 1979] es:

"Concepto fundamental de la Física que traduce en términos objetivos las percepciones subjetivas de antes y después, permitiendo establecer el orden con que se verifica una sucesión de fenómenos."

Si se analiza la definición desde el punto de vista del fenómeno musical, parece indicar que se refiere a la sucesión de las notas que acontecen cuando se escucha música. Por otra parte, desde el punto de vista musical, el tiempo se define como cada una de las partes de igual duración en las que se divide un compás [De Pedro 1992]. De manera simple, un compás puede verse como una agrupación de notas musicales (más adelante se presentará con más detalle lo que es un compás). La definición musical de tiempo se refiere a las duraciones de las notas y sus posibles agrupaciones. Por tanto, podemos concluir que puede exigírsele al sistema que sea capaz de determinar las duraciones de las notas y la sucesión de éstas en el tiempo.

Una vez analizado el concepto de música, parece evidente que si se quiere disponer de un sistema general es necesario que éste determine las características estructurales de la música: notas, duración, secuencia de éstas y compases; es decir, un sistema que aprovecharía el orden subyacente de la música. Este orden es el que permite que la música pueda ser escrita e interpretada por personas distintas. En el presente capítulo se van a exponer los fundamentos básicos musicales que posteriormente van a ser utilizados en los sucesivos capítulos del libro. Comenzará a partir del elemento básico, las notas musicales, y seguirá estudiando cómo determinar sus frecuencias fundamentales (sistemas de afinación), cuáles son sus estructuras superiores (ritmo y métrica) y una pequeña introducción sobre los instrumentos musicales.

2.2   Las notas musicales

El Solfeo es la disciplina perteneciente a la música que estudia la teoría y la práctica del uso de los signos musicales [Seguí 1984]. Los símbolos más básicos a los que el Solfeo se refiere son los relativos a las notas musicales. Una nota musical queda completamente caracterizada por tres valores: nombre de la nota, su escala y su figura. A continuación se explica qué representa cada una de ellas.

Notación tradicional	Do	Re	Mi	Fa	Sol	La	Si
Notación internacional	C	D	E	F	G	A	B

Tabla 2.1: Nombres asignados a las notas en la notación tradicional e internacional.

Figura 2.1: Pentagrama en clave de sol con todas las notas de una escala.

2.2.1 Nombre de la nota

Existen siete nombres de notas musicales [Seguí 1984]. Cada una de estas notas equivale a una "altura" o frecuencia determinada, en orden de grave a aguda, dentro de una escala musical. La nomenclatura de estas notas, ordenadas de grave a aguda, en la notación tradicional e internacional, se expone en la Tabla 2.1.

Las notas musicales se representan en el pentagrama, que es un conjunto de cinco líneas horizontales y paralelas que guardan la misma distancia entre ellas. La representación de las notas en el pentagrama está en función de la clave que se utilice. La clave indica el nombre de la nota que debe situarse sobre la segunda línea inferior del pentagrama. A partir de dicha nota se conocen las posiciones exactas de las demás notas, teniendo en cuenta que también se pueden representar notas no sólo sobre las líneas, sino también entre ellas. Obviamente, los nombres de las claves coinciden con el de las notas que indican en el pentagrama.

Por ejemplo, si se utiliza la clave de sol, las notas que se representen sobre la segunda línea se llamarán sol y el resto de las líneas y espacios se determinarán en función del orden creciente y decreciente de la escala. La Figura 2.1 representa un pentagrama en clave de sol con las notas de la escala.

2.2.2 Escala musical

A mediados del siglo XIX la Academia de Ciencias de París acordó fijar la frecuencia del La del segundo espacio en clave de Sol en 870 Hz. Esta medida se aceptó internacionalmente y, a partir de entonces, quedó como referencia fija para la afinación de la escala sonora, denominándose diapasón normal. Más tarde, en el siglo XX, otros acuerdos internacionales [Seguí 1984] fijaron esta referencia a 880 Hz. Ambos diapasones se están utilizando en la actualidad. En el presente trabajo se utilizará el último diapasón propuesto.

La escala general de los sonidos es toda la gama sonora comprendida dentro de los límites de identificación del oído humano. Tales límites se estiman de manera aproximada entre 27 y 4750 Hz, que coinciden respectivamente con la nota La más grave y el Do más agudo de un piano de concierto. Hay que aclarar que estos límites son de identificación de las notas, pero no de percepción de los sonidos, en cuyo caso los límites se amplían desde 16 Hz hasta 20 KHz aproximadamente.

Para poder precisar el lugar exacto que le corresponde a una nota dentro de la escala general, se ha dividido ésta en series de siete notas. A estas series se les llama octavas, asignándose a cada una un número que indica la posición que ocupan en la escala general, empezando desde la más grave. Estos números que indican las posiciones de las octavas se denominan índices acústicos. El más utilizado en España es el índice acústico Franco-Belga, que asigna a la octava más grave el número −2 y termina en la más aguda que tiene el índice 6. No existe el índice 0, es decir, de la octava −1 se pasa directamente a la octava 1. En la Figura 2.2 puede verse la escala general con los índices Franco-Belgas. La octava a la que pertenece la nota se simboliza incluyendo como subíndice el índice acústico. Así, por ejemplo, el diapasón normal se escribe La_3 indicando que es la nota La de la tercera octava.

La escala que sirve de modelo para la formación de otras escalas es la que se inicia partiendo del Do en orden ascendente. Todos los sonidos que forman la escala del Do no guardan entre sí la misma distancia de entonación; entre ellos los hay que mantienen una distancia mayor, llamada tono, y otros que se hallan a distancia de semitono o medio tono. El tono es la distancia mayor de entonación que puede haber entre dos sonidos consecutivos no alterados, mientras que el semitono se refiere a la distancia menor de entonación en la misma situación. La escala del Do con las separaciones en tonos y semitonos puede apreciarse en la Figura 2.3.

Las alteraciones pueden ser de tres tipos:

Sostenido. Sube un semitono la entonación del sonido afectado.

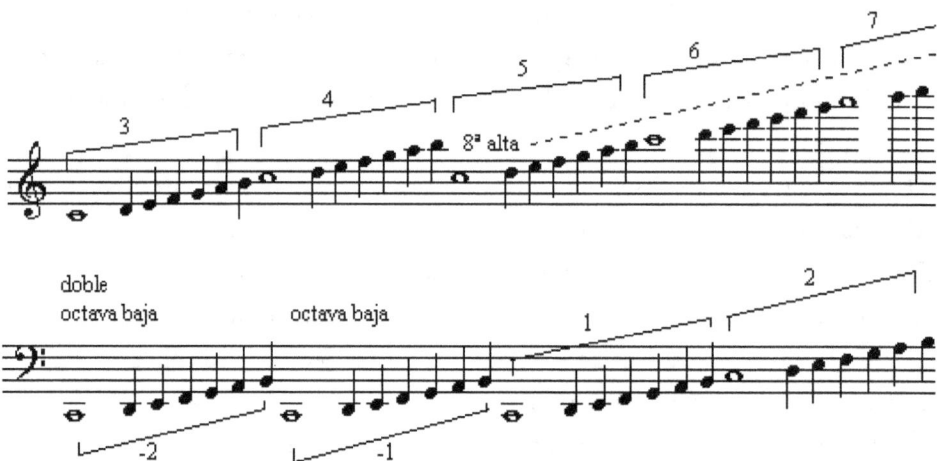

Figura 2.2: Escala general con el índice acústico Franco-Belga [Seguí 1984].

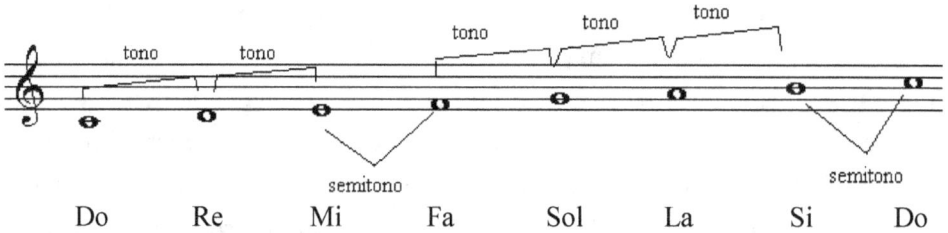

Figura 2.3: Separación de las notas de una escala en tonos y semitonos.

Bemol. Baja un semitono la entonación de sonido afectado.

Becuadro. Anula el efecto del bemol y del sostenido, siendo sólo importante a efectos de notación.

El hecho de la existencia de las alteraciones implica que además de las siete notas musicales se tienen las alteraciones de las mismas, es decir, sus bemoles y sostenidos. También existen alteraciones dobles, es decir, doble bemol y doble sostenido, que bajan o suben respectivamente un tono completo a la nota. En la Tabla 2.2 se representan las alteraciones simples, que implican la utilización de una nueva frecuencia fundamental.

Do	Do# Re^b	Re	Re# Mi^b	Mi	Fa	Fa# Sol^b	Sol	Sol# La^b	La	La# Si^b	Si	Do
C	C# D^b	D	D# E^b	E	F	F# G^b	G	G# A^b	A	A# B^b	B	C

Tabla 2.2: Alteraciones posibles de las notas. El sostenido se representa con el símbolo # y el bemol con ^{b}.

Figura 2.4: Nombres y símbolos que expresan la duración de una nota musical.

2.2.3 Las figuras de nota

Se llama figuras de nota a las diferentes formas con que éstas se representan para indicar su duración [Seguí 1984]. Existen siete figuras básicas a través de las cuales se indica el tiempo que dura la nota. Éstas son, por orden decreciente de duración: redonda, blanca, negra, corchea, semicorchea, fusa y semifusa. La Figura 2.4 muestra los símbolos utilizados para representar cada figura.

La relación de duraciones entre ellas es la mitad a partir de la redonda, es decir, el tiempo que dura la redonda es el doble que la blanca; a su vez, la blanca dura el doble que la negra y así sucesivamente. De esta forma, el tiempo de la semifusa es 64 veces menor que el de la redonda. En la Figura 2.5 puede apreciarse la relación de duraciones entre las distintas figuras.

A efectos de notación, para indicar duraciones intermedias a las que representan las figuras se añade un punto después de la misma. Este punto indica que la duración de la nota debe prolongarse media figura más. Así, por ejemplo, una negra seguida de un punto indica que la duración de la nota debe ser de negra más corchea, es decir, vez y media la duración de la negra.

Los silencios o ausencia de sonidos también necesitan ser expresados en función del tiempo que duran. Para ellos existen símbolos especiales que los diferencian de las figuras de nota. Sin embargo, los tiempos a los que equivalen son los mismos que representan las figuras de notas, a saber, redonda, blanca, negra, corchea, semicorchea, fusa y semifusa. En la Figura 2.6 se pueden observar las distintas figuras que representan los tiempos de silencio.

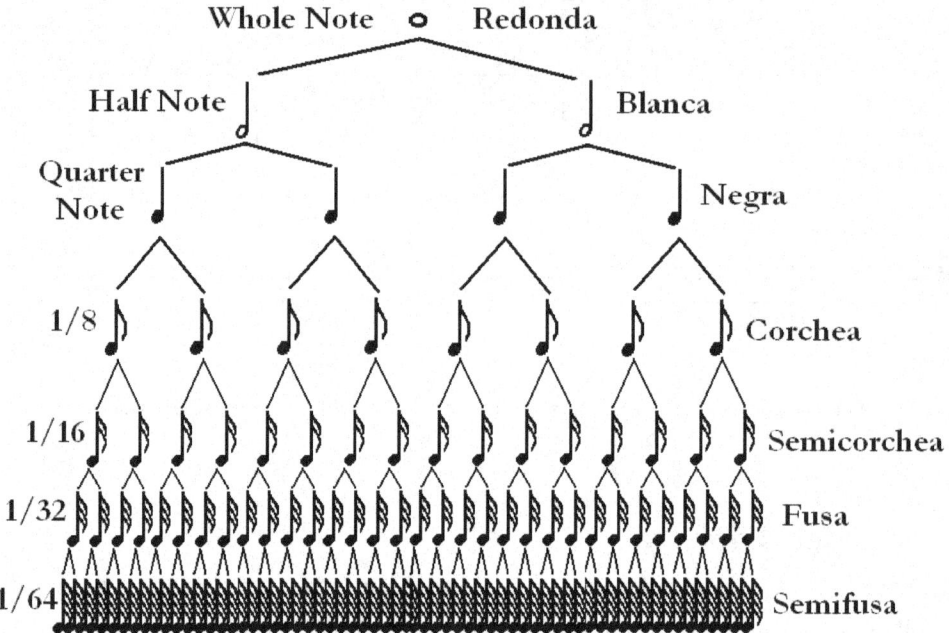

Figura 2.5: Relación de duraciones entre las siete figuras que existen. A la izquierda aparece la denominación internacional de la figura.

Figura 2.6: Figuras que representan los silencios.

2.3   Los sistemas de afinación

En el apartado anterior se ha explicado cómo se expresan las notas en Solfeo, y cómo éstas quedan determinadas completamente en música cuando se indica su nombre, la octava a la que pertenece y su figura o duración. Sin embargo, desde el punto de vista físico es necesario saber cómo se distribuyen las notas dentro de la escala para conocer sus frecuencias fundamentales. Este dato lo proporcionan los sistemas de afinación (de instrumentos). Existen varios métodos para determinar los intervalos entre sonidos de la misma escala o gama [De Pedro 1992], de ellos se exponen los tres principales. Todas las gamas tienen en común que la relación entre las frecuencias de las notas con el mismo nombre en octavas distintas es una potencia de dos. La siguiente expresión indica la relación de frecuencias entre notas de octavas consecutivas:

$$f(N_i) = \begin{cases} \dfrac{f(N_{i+1})}{2} & i = -2,1,2,3,4,5,6 \\ \dfrac{f(N_{i+2})}{2} & i = -1 \end{cases}$$ (2. 1)

donde $f(N_i)$ es la frecuencia asociada a la nota N (Do, Re Mi...) con índice acústico i. De modo simple, de la expresión anterior se deduce que la frecuencia de la nota Do_3 es la mitad que la perteneciente al Do de la cuarta octava.

Gama Pitagórica. Fija la relación de frecuencias entre dos notas separadas por un tono en 9/8 y 256/243 para las notas con un semitono de distancia.

$$\begin{cases} \text{Tono} & \dfrac{N_a}{N_g} = \dfrac{9}{8} \\ \text{Semitono} & \dfrac{N_a}{N_g} = \dfrac{256}{243} \end{cases}$$ (2. 2)

En la anterior expresión N_a y N_g se refieren a las frecuencias correspondientes a la nota más aguda y más grave respectivamente. De este modo, toda la escala se puede construir iterativamente partiendo del diapasón normal La_3 con frecuencia fundamental de 880 Hz, teniendo en cuenta la distancia en tonos o semitonos existentes cada dos notas consecutivas.

A continuación se presentan dos ejemplos de cálculo de las frecuencias correspondientes a las dos notas superiores en frecuencia al diapasón normal. La nota inmediatamente superior (más aguda) al La_3, que es Si_3, está separada de ésta por un tono (véase Figura 2.3). A partir de la expresión 2.2, se puede calcular la frecuencia fundamental:

$$Si_3 = 880 \cdot \frac{9}{8} = 990 \; Hz$$ (2. 3)

La siguiente nota de la escala es el Do perteneciente a la cuarta octava, y se encuentra a un semitono de la nota Si_3 (véase la Figura 2.3). Utilizando la expresión 2.2 y el resultado anterior se puede calcular la frecuencia que corresponde a la nota Do_4.

$$Do_4 = 990 \cdot \frac{256}{243} = 1.043 \, Hz \tag{2.4}$$

Gama Temperada. Divide la octava en 12 partes iguales, que se llaman semitonos temperados. Según la expresión 2.1, conocida la frecuencia de una nota musical, la frecuencia de la misma nota en la octava superior es el doble de la anterior, lo que permite calcular la diferencia en frecuencia que representa un semitono temperado. De modo genérico la frecuencia de una nota se puede hallar a partir de la de otra que se encuentre a menos de una octava de diferencia con la expresión:

$$f(N_a) = f(N_g) \cdot 2^{\frac{s}{12}} \tag{2.5}$$

donde N_a es la nota de la que se quiere conocer su frecuencia, N_g es la nota de frecuencia conocida y s es el número de semitonos que separa ambas notas.

A modo de ejemplo se calculan, igual que para la gama Pitagórica, las frecuencias fundamentales de las notas Si_3 y Do_4. En el primer caso, partiendo del diapasón normal La_3, la frecuencia fundamental de la nota Si_3, teniendo en cuenta que existe una distancia entre ellas de dos semitonos, sería:

$$Si_3 = 880 \cdot 2^{\frac{2}{12}} = 988 \, Hz \tag{2.6}$$

El cálculo de la frecuencia de la nota Do de la cuarta octava, al estar separada un semitono del Si_3, y tres respecto a La_3, se realizaría:

$$Do_4 = 880 \cdot 2^{\frac{3}{12}} = 1.047 \, Hz \tag{2.7}$$

Como puede observarse existe una diferencia de 2 y 4Hz respecto a las mismas notas calculadas en la escala Pitagórica.

Gama Física. También se llama de Aristóxenes y Ptolomeo, o gama Zarlino, que fue quien la desarrolló. En esta escala las frecuencias de las notas corresponden con los armónicos de las notas de octavas inferiores. Las frecuencias de las notas de cada octava se pueden calcular a partir del Do perteneciente a dicha octava, utilizando la siguiente expresión:

$$f(N_i) = \begin{cases} \dfrac{8+i}{8}\, f(Do) & i = 1,2,4 \\[2mm] \dfrac{5+i}{6}\, f(Do) & i = 3,5,7 \\[2mm] \dfrac{15}{8}\, f(Do) & i = 6 \end{cases} \tag{2.8}$$

donde $f(N_i)$ es la frecuencia de la nota N_i que se quiere calcular e i es la posición de dicha nota tras el Do de la misma octava. En esta notación Re tendría el índice 1, Fa el 2 y así sucesivamente. $f(Do)$ representa la frecuencia del Do de la misma octava.

Para realizar los mismos ejemplos de las dos gamas anteriores, se necesita en principio calcular la frecuencia de Do_3 a partir de la expresión 2.8. Puesto que la posición relativa de la nota La_3 respecto a Do_3 es 5:

$$f(La_3) = \frac{5+5}{6} \cdot f(Do_3) \tag{2.9}$$

sustituyendo el valor de la frecuencia del diapasón normal (880 Hz) y despejando se obtiene la frecuencia de Do_3.

$$f(Do_3) = \frac{6}{10} \cdot 880 = 528 Hz \tag{2.10}$$

Para calcular la frecuencia de las notas Si_3 y Do_4, es suficiente con saber que sus posiciones tras la nota Do_3 son 6 y 7 y aplicar la función 2.8.

$$Si_3 = \frac{15}{8} \cdot 528 = 990 Hz \tag{2.11}$$

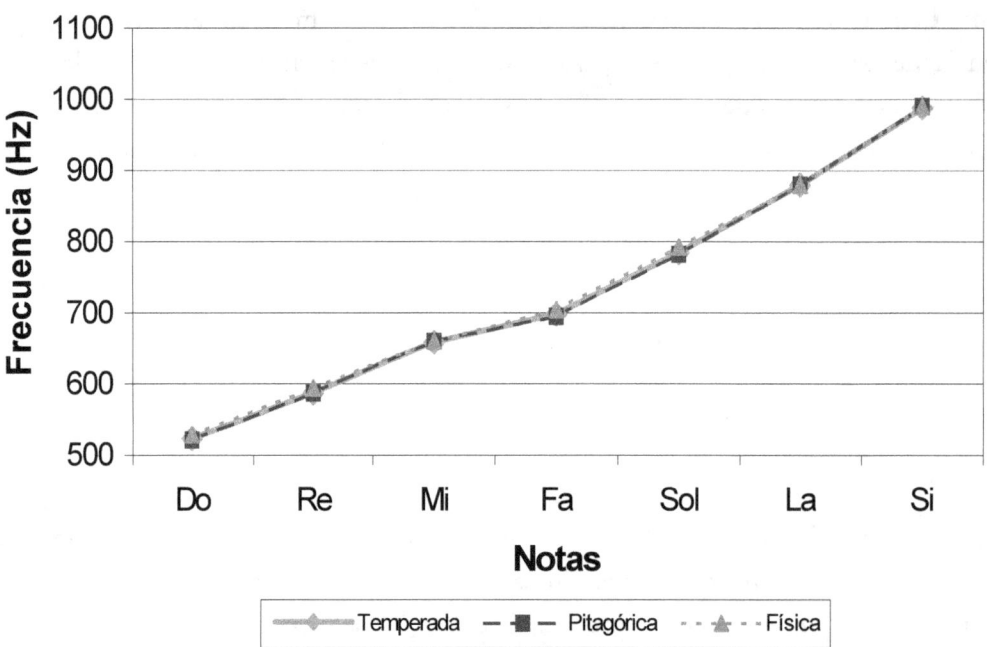

Figura 2.7: Frecuencias fundamentales de las notas de la tercera escala en las tres gamas: temperada, física y pitagórica.

$$Si_3 = \frac{5+7}{6} \cdot 528 = 1.056\,Hz \qquad\qquad (2.\,12)$$

Es obvio que las diferencias son mínimas entre la gama pitagórica, la física y la temperada. En la Figura 2.7 se representan las frecuencias correspondientes a las notas de la tercera octava en cada una de las gamas. Una vez descritos los distintos sistemas de afinación se conoce la correspondencia entre cualquier nota y su frecuencia fundamental.

2.4 Ritmo y métrica

Una vez determinadas las características de las notas y su relación con la Física (en cuanto a frecuencia fundamental), es ya posible elaborar estructuras de orden superior, conformadas a partir de éstas. Es aquí donde intervienen los conceptos de Ritmo y Métrica.

Una de las definiciones más difundidas es la dada por V. D'Indy en su curso de composición musical [D'Indy 1950]:

"Ritmo es el orden y proporción en el espacio y en el tiempo."

Si nos circunscribimos estrictamente al ritmo procedente de la música, entonces el ritmo es la estructuración de las diferentes duraciones sonoras independientemente de su altura o tonalidad [De Pedro 1992]. Aunque en un principio se puede pensar que el ritmo es simplemente la estructura temporal que surge de la secuencia de notas con determinadas duraciones, esto no es así debido a que existen diversos factores que afectan al ritmo, aparte de la duración de las notas. Así se puede decir que existen cinco tipos de ritmos en música.

1. **Ritmo de valores.** Es el que está determinado exclusivamente por la relación que, en cuanto a duración, guardan entre sí las notas que se ejecutan sucesivamente. Este es el ritmo relacionado con las figuras de las notas y que puede medirse. Más adelante se introducirán el concepto de métrica y compases asociados a este tipo de ritmo. Un ejemplo de este tipo puede verse en la Figura 2.8.

2. **Ritmo melódico.** Aparece por la sucesión de notas con diferente tono. Las notas más agudas y graves inducen en el oyente una atención especial, recreando así un ritmo determinado. En la Figura 2.9 se puede apreciar que debido a la secuencia y distribución de los puntos salientes se crea un ritmo ternario, que se indica por la separación de notas mediante barras verticales.

3. **Ritmo dinámico.** Se produce por los cambios de intensidad, ya sea tomando como referencia la pieza completa, ya sea parcialmente, debido al interés que suscita un cambio de intensidad sobre una determinada nota. La Figura 2.10 representa un ejemplo en el que un ritmo de valores ternario se convierte en uno binario por la presencia de los acentos en las notas (Los acentos se denotan mediante signos > que aparecen sobre las notas).

Figura 2.8: Pieza compuesta por compases 3/8 distintos. [De Pedro 1992]

Figura 2.9: Ejemplo de ritmo melódico. La repetición de las alturas de las notas recrea un ritmo.
[De Pedro 1992]

Figura 2.10: Ritmo dinámico inducido por la acentuación. Fr. Schubert, Impromptu nº 4, D 935,
Op. Post. 142 [De Pedro 1992].

Figura 2.11: Ejemplo de ritmo armónico, en el que se observa una zona conclusiva y otra
suspensiva entre las dos voces. [De Pedro 1992]

4. **Ritmo armónico.** Surge cuando existen varias voces en una pieza musical.
   Consiste en que los ritmos de las voces pueden coincidir, reforzándose (efecto
   conclusivo) o, por el contrario, pueden discrepar anulándose (efecto suspensivo).
   La Figura 2.11 expone un ejemplo de una pieza musical en la que se producen los
   dos efectos.

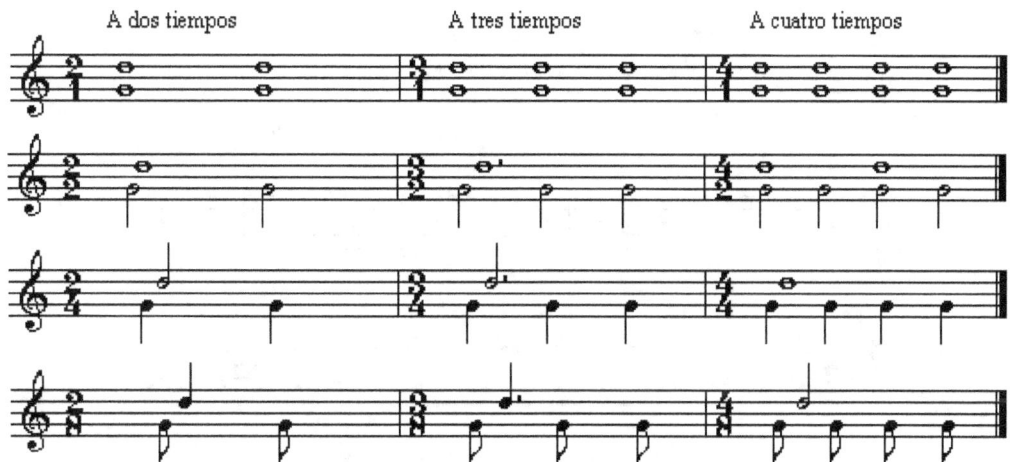

Figura 2.12: Cuadro de los compases regulares simples. En la parte superior del pentagrama se representan las figuras que constituyen la unidad de compás. Las figuras de nota que indican la unidad de tiempo están dibujadas en la parte inferior.

5. **Ritmo constructivo o de proporciones.** Es lo que se conoce como "fórmula musical" y se produce por el equilibrio entre los contrastes y coincidencias entre los diferentes elementos que componen la obra musical.

Por último, es necesario señalar que el timbre es uno de los parámetros más importantes que intervienen en el ritmo. El timbre será tratado más adelante en el Apartado 2.5 dedicado a los instrumentos musicales.

A continuación se va estudiar con más detalle el ritmo de valores, que es el ritmo del que se ocupa la Métrica y en el que se va a centrar la atención del presente trabajo.

La Métrica trata de la estructura del ritmo en sus diferentes combinaciones, tomando como unidad de medida el compás [De Pedro 1992]. El compás es una agrupación de tiempos iguales en cuanto a su duración, pero diferentes en cuanto a acentuación. Por tanto, el compás es en sí mismo un componente amorfo, pues su contenido depende del ritmo. Cada compás contiene, lo mismo que el ritmo, el elemento de la periodicidad, lo que implica que también define la acentuación. De esta forma se puede hablar de una acentuación rítmica y de una acentuación métrica y, puesto que el compás es el servidor del ritmo, debe establecerse una medida o compás acorde con la

Figura 2.13: Fórmulas rítmicas del vals, el mambo, la rumba y el tango. [De Pedro 1992]

estructura rítmica a la que sirve, de forma que haya, en la medida de lo posible, una concordancia entre el acento rítmico y el métrico o compás.

Desde el punto de vista de la acentuación, en todo compás el primer tiempo es el más fuerte y el último el más débil. Así pues, en un compás de ritmo binario el primer tiempo es fuerte y el segundo débil. Si se trata de un compás de ritmo ternario, el primer tiempo es fuerte y el tercero es débil; el segundo es también débil, pero menos que el tercero. Los compases se representan con fracciones, en las que el numerador indica el número de figuras que completan el compás y el denominador indica el tiempo total del compás, tomando como unidad la redonda. Así por ejemplo, el signo 3/4 hace referencia a un compás de 3 tiempos y en él entran tres figuras de las que en el valor de una redonda entran cuatro (la negra). En la Figura 2.12 se pueden observar algunos de los compases regulares simples, que son los más usados.

Un último concepto que interesa tratar es el de fórmula rítmica, que en muchos casos permite identificar estilos musicales. Las fórmulas rítmicas son porciones de ritmo con entidad y sentido propios, independientemente del espacio temporal que ocupe, sea cual fuere el compás donde se encuentre. La Figura 2.13 muestra las fórmulas rítmicas del vals, el mambo, la rumba y el tango.

2.5   Instrumentos musicales

Los instrumentos musicales producen los sonidos gracias a los llamados cuerpos sonoros, que son cuerpos elásticos capaces de vibrar al ser alterado su equilibrio molecular mediante una adecuada excitación. Los instrumentos musicales se clasifican tradicionalmente en tres grandes grupos: cuerda, viento y percusión. Sin embargo, esta clasificación responde a criterios de ordenación muy distintos: el cuerpo sonoro en los instrumentos de cuerda, la fuerza activante en los instrumentos de viento, y la acción que produce el sonido en los de percusión. Por otro lado, no existe ninguna categoría que incluya los nuevos instrumentos electrónicos. Una clasificación más moderna propuesta por Sachs y Von Hornbostel, basada en principios físico-acústicos, los divide en: Cordófonos, Aerófonos, Idiófonos, Membráfonos y Electrófonos [De Pedro 1992]. A continuación se van a desarrollar las características de cada tipo, explicando con un poco más de detalle los instrumentos utilizados para los experimentos que se mostrarán en capítulos sucesivos.

2.5.1   Cordófonos

Son los que producen el sonido mediante la vibración de una o de varias cuerdas mantenidas en tensión. Según se produzca la excitación de la cuerda se dividen en:

1. *Cuerdas frotadas*: Son los que se tocan usando un arco, como ocurre con el violín, la viola, el violonchelo y el contrabajo.
2. *Cuerdas punteadas o pulsadas*: Estos instrumentos son los que se tocan pulsando sus cuerdas con los dedos (guitarra, arpa y vihuela), con plectro o púa (mandolina, bandurria y laúd) o con un mecanismo (clave).
3. *Cuerdas percutidas*: Producen las notas al ser golpeadas las cuerdas. A este grupo pertenecen el piano y el clavicordio.

De entre los instrumentos de cuerda, en este trabajo se han utilizado la guitarra, el piano y el violín:

- La guitarra consta de 6 cuerdas tensadas sobre una caja con un orificio circular en el centro. El otro punto sobre el que las cuerdas se encuentran tensadas es el mástil, que es un trozo alargado de madera unido a la caja. El mástil está dividido en mediante pequeñas tiras salientes, usualmente de madera, que marcan el lugar preciso donde deben apoyarse los dedos para ejecutar una nota. La distancia entre las tiras (trastes) representa un semitono.

- El mecanismo del piano consiste en una serie de mazos pequeños que se corresponden con una cuerda o grupo de cuerdas (2 o 3) tensadas sobre una caja de resonancia. Los mazos son accionados mediante un teclado. También disponen de otros recursos como son los apagadores, que se utilizan para detener las vibraciones de las cuerdas; y los pedales, que sirven para controlar los apagadores y para percutir parcialmente las cuerdas.

- El violín es el instrumento más agudo de los pertenecientes a cuerdas frotadas. Se compone de cuatro cuerdas tensadas entre la caja armónica y el extremo del mástil. Musicalmente se caracteriza por su homogeneidad del timbre y su expresividad.

2.5.2 Aerófonos

Utilizan como fuente de sonido las vibraciones de la columna de aire contenida en un tubo. Dependiendo del artificio que pone en movimiento la columna de aire se dividen en:

1. *Soplo humano*: Las vibraciones se producen por el efecto del soplo. Se hace una subclasificación dependiendo del material empleado en su construcción, que puede ser madera (flauta, píccolo, oboe y clarinete) o metal (trompa, trompeta, trombón y tuba).

2. *Acción mecánica*: En ellos el aire se suministra mecánicamente al instrumento. A este tipo pertenecen el órgano, el armonio y el acordeón.

Los instrumentos de este tipo empleados en los experimentos son el clarinete, el órgano, la flauta y la trompeta:

- El clarinete es un instrumento de tubo cilíndrico y lengüeta simple. Técnicamente es un instrumento de gran agilidad y su sonoridad resulta hueca en el registro grave y brillante en el agudo.

- El órgano consta de una serie de tubos de distinta longitud que están agrupados en registros o juegos. Los registros se dividen en simples (un tubo para cada nota), y compuestos (dos o más tubos por nota). A su vez se clasifican en: juegos de fondo o flautas (tubos de embocadura indirecta, cerrados o abiertos) y juegos de lengüeta (tubos asociados a lengüetas de batientes simples), en los que la frecuencia del sonido la determina la propia lengüeta, actuando el tubo como resonador. También consta de varios teclados, llamándose manuales a los accionados por las manos y pedalera al accionado por los pies.

- La flauta es un instrumento de embocadura directa y tubo abierto en el que el sonido se produce por la vibración del aire en dicho tubo. El timbre característico de la flauta es suave y dulce.

- La trompeta está constituida por un tubo cilíndrico en los primeros dos tercios y progresivamente cónico hasta el pabellón en su tercera sección, siendo su embocadura cóncava. Su timbre es claro y metálico.

2.5.3 Idiófonos

Son instrumentos construidos con materiales sólidos, por naturaleza sonoros, que entran en vibración al ser excitados por percusión directa o indirecta. Se dividen en dos tipos según el sonido que pueden producir:

1. *Sonido determinado*: Permiten ser afinados y producir notas musicales. A esta categoría pertenecen el xilófono, el vibráfono, el carrillón o las campanas.
2. *Sonido indeterminado*: Producen un sonido característico que no puede ser clasificado en notas musicales. Instrumentos de este tipo son el triángulo, los platillos, las castañuelas, las maracas, etc.

Los usados en este trabajo son el xilófono y el vibráfono:

- El xilófono está compuesto por una serie de láminas de madera planas o semicilíndricas suspendidas sobre una caja de resonancia y que entran en vibración al ser golpeadas por unas baquetas, que pueden ser de madera o tener la cabeza recubierta de fieltro o caucho.

- El vibráfono, a diferencia del xilófono, tiene láminas metálicas y está provisto de un motor que mueve unas hélices que abren y cierran los tubos resonadores y cuyo objeto es aumentar el volumen y la duración de los sonidos. Consta también de un pedal conectado a unos apagadores y que sirve para mantener o cortar los sonidos.

2.5.4 Membráfonos

Los sonidos en los instrumentos de este tipo se producen por la vibración de membranas o pieles tensadas sobre aberturas o arcos, originada por la percusión directa o indirecta. Al igual que los instrumentos idiófonos, se clasifican en membráfonos de sonido determinado y de sonido indeterminado.

1. *Sonido determinado*: Permiten ser afinados y producir notas musicales. A esta categoría pertenecen los timbales afinados.
2. *Sonido indeterminado*: Producen un sonido característico que no puede ser clasificado en notas musicales. Instrumentos de este tipo son el bombo, el tambor, la pandereta, la caja, etc.

2.5.5 Electrófonos

En estos instrumentos el sonido se produce y se modifica mediante corrientes eléctricas. Se dividen en dos grupos en función de dónde se produzcan los sonidos:

1. *Mecánico-eléctricos*: En ellos el sonido se produce mecánicamente y se modifica eléctricamente. La guitarra eléctrica y el electrocordio pertenecen a esta clase.
2. *Radio-eléctricos*: Producen los sonidos mediante oscilaciones eléctricas que se modifican de manera también eléctrica. A este tipo de instrumentos pertenecen el órgano eléctrico y el sintetizador, aunque este último puede considerarse más como una máquina musical que un instrumento por sus múltiples posibilidades.

El único instrumento de este tipo que se ha utilizado en los experimentos es la guitarra eléctrica.

- Es muy parecida en su constitución a la guitarra, excepto porque la caja de resonancia se reduce al mínimo y se incorporan uno o varios micrófonos encima del puente, que es la pieza de madera que está situada en la caja, sobre la cual se apoyan las cuerdas. Los micrófonos recogen el sonido producido por las cuerdas, que posteriormente es amplificado y convertido de nuevo en una señal acústica gracias a un altavoz.

2.5.6 El timbre

La característica que permite distinguir el sonido de un instrumento del de otro se denomina timbre. El timbre depende de los armónicos que contiene el sonido, así como de sus intensidades relativas y de la manera en que van cambiando de intensidad al sonar una nota, es decir, el timbre está esencialmente determinado por el espectro de la señal y por su envolvente. El hecho de que cada instrumento esté construido y produzca los sonidos de una forma particular, hace que la misma nota tocada por diferentes instrumentos (frecuencias fundamentales iguales) suene igual, pero permitan distinguir la fuente de emisión, puesto que la estructura armónica que emiten es distinta. En la Tabla 2.3 se pueden apreciar cómo varía el rango de las frecuencias fundamentales y de los armónicos dependiendo del instrumento que se emplee.

Los factores que influyen en la estructura armónica son el número, magnitud y fluctuación de los armónicos, junto con la presencia o ausencia de armónicos superiores; el ancho de banda de la señal; y la energía aportada a la misma por los armónicos en relación con la energía total. La Figura 2.14 recoge los espectros entre 64 y 1.024 Hz, de la misma nota (Fa$_1$ o F3 en notación internacional) tocada por los cinco instrumentos más utilizados en los experimentos. La nota representada tiene 176 Hz de frecuencia fundamental.

Si se analiza la estructura de la envolvente de una nota musical, de la misma duración o figura, emitida por varios instrumentos musicales (Figura 2.15) se observa que son claramente distintas. Este hecho se debe a las características físico-acústicas concretas de cada instrumento, entre las que sobresale especialmente el modo de producción del sonido: vibración de una cuerda (piano y guitarra), vibraciones de la columna de aire contenida en un tubo (órgano y clarinete) y percusión de un material sólido (vibráfono). A pesar de que cada instrumento emite las notas con una envolvente particular, de manera general se puede afirmar que su evolución consta de tres fases bien definidas (Figura 2.16):

1. **Ataque:** Fase que comienza desde el momento en que se inicia a emitir la nota hasta que ésta alcanza su máxima amplitud. Es desencadenada por la acción del

Instrumento	Rango de frecuencias fundamentales (Hz)	Rango de frecuencias de los armónicos (kHz)
Flauta	261-2349	3-8
Oboe	261-1568	2-12
Clarinete	165-1568	2-10
Fagot	62-587	1-7
Trompeta	165-988	1-7,5
Trombón	73-587	1-4
Tuba	49-587	1-4
Tambor	100-200	1-20
Bombo	30-147	1-6
Platillos	300-587	1-15
Violín	196-3136	4-15
Viola	131-1175	2-8,5
Violonchelo	65-698	1-6,5
Bajo acústico	41-294	1-5
Bajo eléctrico	41-300	1-7
Guitarra acústica	82-988	1-15
Guitarra eléctrica (amplificador)	82-1319	1-3,5
Guitarra eléctrica (directa)	82-1319	1-15
Piano	28-4196	5-8
Saxo Soprano	247-1175	2-12
Saxo alto	175-698	2-12
Saxo tenor	131-494	1-12
Cantante	87-392	1-12

Tabla 2.3: Rango de frecuencias de producción de notas y de armónicos de varios instrumentos.

intérprete (por ejemplo, pulsación de la tecla de un piano) y se caracteriza por un rápido incremento de la amplitud de la señal.

2. **Mantenimiento:** Es la fase central de la nota, en la que se mantiene más o menos estable la amplitud de la misma alrededor del punto máximo. Corresponde al momento en el que el intérprete mantiene la acción sobre el instrumento para conseguir la duración deseada de la nota, es decir, su figura.

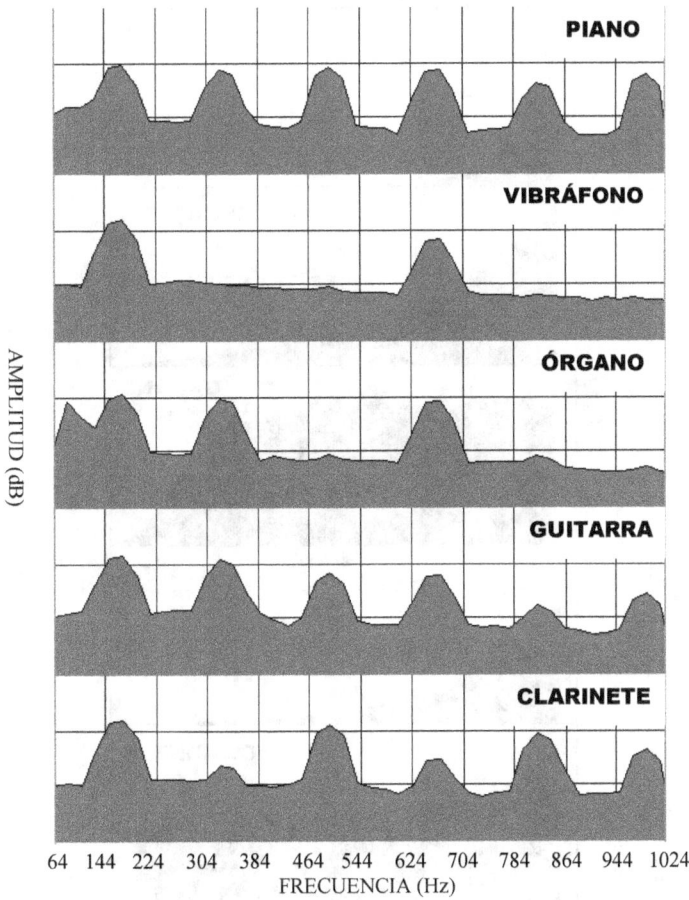

Figura 2.14: Espectros de la nota Fa₁ (F3), producidas por los instrumentos más utilizados en los experimentos.

3. **Relajación**: Comprende desde el en momento que deja de estar en su máxima amplitud hasta el momento en que deja de sonar. Es originada por el cese de la fuerza activante del sonido en el instrumento y se caracteriza por una disminución más o menos rápida de la amplitud de la señal.

En la Figura 2.15 se puede observar que en algunos instrumentos la fase de mantenimiento es prácticamente inexistente, como en el piano y en la guitarra. En cambio, en otros instrumentos, como el clarinete, la segunda fase de la nota presenta características muy determinadas, pues la amplitud evoluciona inicialmente con una cresta brusca antes

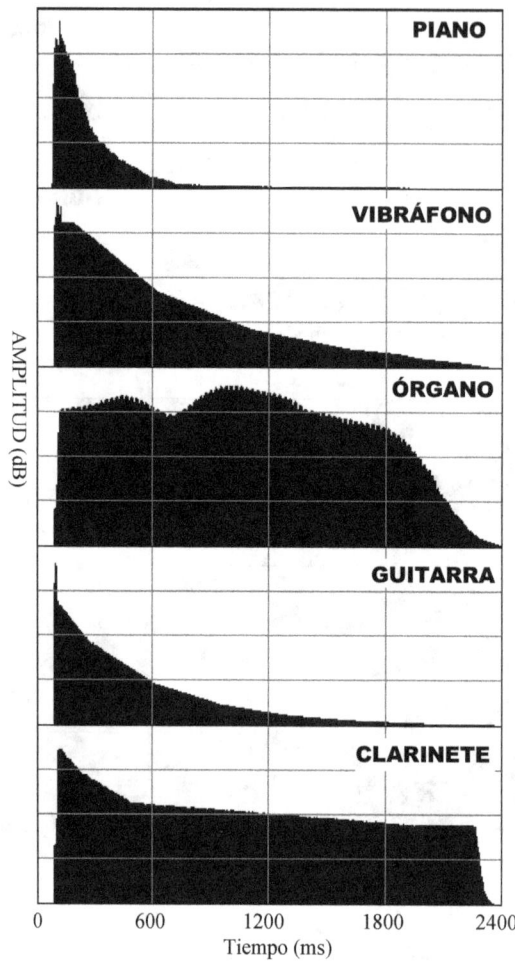

Figura 2.15: Envolventes de una nota redonda producidas por los instrumentos más utilizados en los experimentos.

de estabilizarse alrededor de un valor claramente inferior al máximo. Este hecho motiva que en síntesis de sonidos se incluya una cuarta fase en la evolución de la envolvente, que se llama decaimiento y que corresponde al tiempo que tarda la amplitud en decrecer desde el máximo hasta un valor donde se estabiliza, que pertenece ya a la fase de mantenimiento. Esta caracterización de la envolvente para la síntesis de notas musicales se denomina ADSR (*Attack, Decay, Sustain and Release*) [Jordá 1997]. No obstante, la fase de decaimiento sólo es significativa a efectos temporales en el clarinete, como puede observarse en la Figura 2.15.

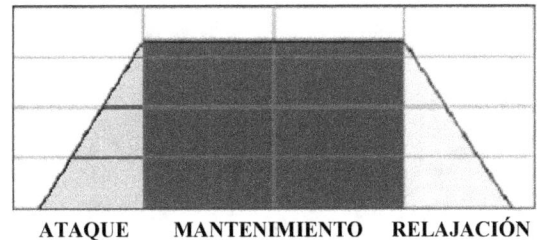

ATAQUE   MANTENIMIENTO   RELAJACIÓN

Figura 2.16: Fases de la envolvente genérica de una nota emitida por un instrumento.

CAPÍTULO 3

SISTEMAS DE RECONOCIMIENTO BASADOS EN MODELOS OCULTOS DE MARKOV

3.1   Introducción

Los modelos ocultos de Markov (HMM, del inglés *Hidden Markov Model*) constituyen una de las herramientas más utilizadas para el reconocimiento de la voz. Aunque fueron desarrollados a finales de los años 60, es en los 80 cuando empiezan a aplicarse al reconocimiento de voz, y es en los 90 cuando muestran todo su potencial para este tipo de aplicaciones.

Si se analizan las características de la voz y se comparan con las de la música, se llega a la conclusión de que existe bastante similitud en su estructura de construcción: fonema-palabra-frase de la voz frente a nota-compás-melodía. Sin embargo, hay características que las hacen muy diferentes como por ejemplo, la existencia de las melodías polifónicas, que implican la superposición de varias melodías correspondientes a distintos instrumentos, aunque formando una estructura no carente de orden que viene dada por la armonía musical. En la Tabla 3.1 se realiza una comparativa entre las características de la voz y las de la música.

Si al análisis comparativo esbozado en la tabla anterior se añade la bondad de los modelos ocultos de Markov en el reconocimiento del habla humana, se podría inferir que los HMM pueden ser aplicados con éxito al reconocimiento musical, salvando las

CARACTERÍSTICAS	VOZ	MÚSICA
Unidad básica de reconocimiento	Fonema	Nota musical
Unidades básicas distintas	24	96
Rango de frecuencias	300 Hz a 3,4 kHz	33 Hz a 4,7 kHz
Tiempo de la unidad básica	Puede considerarse constante	Existen 13 variaciones que oscilan de 1 a 64 veces el tiempo básico
Locutores	Humanos	Instrumentos
Estructura	Fonemas-Palabras-Frases	Notas-Compases-Melodías
Gramáticas y diccionarios	Existen en función del idioma y aplicación	No existen
Otras características	Los cambios de frecuencia no alteran las frases	Las transposiciones no alteran la melodía
Características diferenciales		Varias voces e instrumentos a la vez: Polifonía

Tabla 3.1: Comparativa entre las características de la música y de la voz. El rango de frecuencias que se especifica en música, es el que comprende las frecuencias fundamentales de las notas.

diferencias existentes entre ambas formas de comunicación humanas. En el presente capítulo se van a establecer los fundamentos teóricos de los sistemas de reconocimiento basados en HMM para proceder más tarde a su aplicación práctica.

3.2   Sistemas de reconocimiento

La capacidad de reconocer permite a los seres humanos identificar la identidad, las características y las circunstancias de los objetos o de las personas reconocidas. El inconveniente de la mayor parte de las características que el hombre es capaz de reconocer es que éstas se presentan en forma de patrones complejos: caras, textos, flores, piezas industriales, voz, música, etc. Asociada a la capacidad de reconocimiento se encuentra la de clasificación, que se entiende como la acción de decidir la pertenencia o no de cierta entidad a una categoría determinada, en función de una o varias características. El acto de clasificar implica entonces un proceso de toma de decisión por parte de quien lo lleva a cabo. Por tanto, el término reconocimiento de patrones implica un concepto más amplio que el de clasificación. El concepto de sistema de reconocimiento de patrones abarca a todos aquellos sistemas, que sobre la base de patrones, toman una decisión, siendo la clasificación un tipo de decisión.

Para llevar a cabo el proceso de clasificación es necesario que el sistema disponga de cierta información. Por una parte, está el conocimiento del problema planteado, en mayor o menor grado, por parte del sujeto que efectúa la clasificación. Por otro lado está la habilidad de reconocer, en el objeto o entidad a clasificar, ciertas características salientes que, junto con el conocimiento previo, sirven para tomar una decisión más o menos acertada. En cualquier caso, para tomar una decisión, no es necesario conocer absolutamente todos los detalles de la entidad, sino sólo un conjunto de las características más relevantes como elementos de decisión. Un patrón es un conjunto de estas características que describen al objeto a clasificar.

3.2.1 Patrones y características

En su forma más general, un patrón de características p describe a una entidad u objeto a través de un conjunto de características que toman la forma de variables aleatorias [Devijver 1982]:

$$p = \{x_1, x_2, x_3, ..., x_N\} \tag{3.1}$$

Los tipos de patrones se distinguen por la cantidad, significado y naturaleza de estas características. En el caso particular en el que la cantidad de características sea constante, un patrón no es más que un punto en el espacio de representación de los patrones P, que es un espacio de dimensionalidad determinada por el número N de variables consideradas

$$p \in P = \{X_1\} \times \{X_2\} \times \{X_3\} \times ... \times \{X_N\} \tag{3.2}$$

donde X_i es el conjunto de valores que puede tomar la variable aleatoria que representa a la característica i. El espacio P es el resultado del producto cartesiano de los conjuntos de valores X_i.

3.2.2 Sistema de clasificación de patrones

La tarea fundamental de un sistema de reconocimiento de patrones es la de asignar a cada patrón de entrada una etiqueta. Dos patrones diferentes deberían asignarse a una misma clase si son similares y a clases diferentes si no lo son.

Suponiendo que todos los patrones a reconocer en un problema de clasificación dado son elementos potenciales de M clases distintas ω, se define al conjunto de clases Ω como [Devijver 1982]:

$$\Omega = \{\omega_1, \omega_2, \omega_3, ..., \omega_M\}$$
(3. 3)

Es posible que un patrón p no pertenezca a ninguna de las clases definidas en Ω, por lo que se suele ampliar el conjunto Ω incorporando una nueva clase, llamada la clase de rechazo. Así, se define la clase de rechazo ω_0, como una clase que se asigna a todos los patrones para los que no se tiene una certeza aceptable de ser clasificados correctamente en alguna de las clases de Ω. Se define el conjunto extendido de clases Ω^* como:

$$\Omega^* = \{\omega_1, \omega_2, \omega_3, ..., \omega_M, \omega_0\}$$
(3. 4)

Una vez establecido el conjunto de clases se procede a la construcción del clasificador, o regla de clasificación, que es una función definida sobre los patrones P tal que a todo patrón $p \in P$ le asigna una clase ω_i del conjunto extendido de clases Ω^* [Devijver 1982].

$$d : P \rightarrow \Omega^* \quad \forall p \in P, \exists d(p) \in \Omega^*$$
(3. 5)

3.2.3 Etapas del proceso de reconocimiento de patrones

Un sistema de reconocimiento de patrones consta generalmente de 3 etapas [Devijver 1982]:

1. Adquisición de datos
2. Extracción de características o parametrización
3. Clasificación de patrones

En la Figura 3.1 se presenta una esquematización de dicho proceso. La etapa de adquisición implica la obtención de datos directamente desde el objeto a estudiar mediante algún tipo de dispositivo detector de señales, como cámara de vídeo, un micrófono, etc. En muchos casos existe una etapa intermedia de acondicionamiento de la señal (filtrado de ruido, mejora de contraste, etc.) para facilitar y hacer más efectiva la etapa siguiente: la extracción de características.

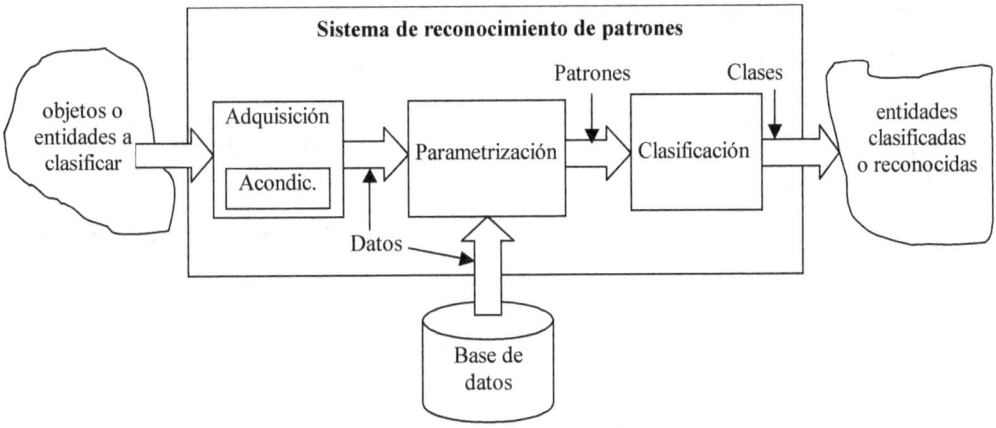

Figura 3.1: Esquema general de un sistema de reconocimiento de patrones.

La extracción de características o parametrización es el proceso por el cual el sistema obtiene, mediante la aplicación de algoritmos que dependen del caso, un conjunto reducido de magnitudes que representan los aspectos sobresalientes del objeto o entidad a clasificar a partir de los datos de entrada obtenidos para ese objeto. Es posible que los datos a procesar no provengan directamente de la etapa de adquisición, sino que se encuentren almacenados en una base de datos con el fin de disponer de modo inmediato de suficientes datos para conformar las clases a través del entrenamiento o con el fin de obtener medidas comparativas de la capacidad de reconocimiento del sistema respecto a otros.

La última etapa es aquella que clasifica los patrones mediante el uso de un clasificador. Los clasificadores necesitan ser entrenados antes de poder realizar el reconocimiento. El proceso de entrenamiento consiste en ofrecer al clasificador suficientes versiones de patrones para estimar los patrones de referencia. En la fase de reconocimiento, el clasificador asigna a los datos de entrada una clase de los patrones de referencia, mediante comparación con todos los posibles patrones estimados. La salida de dicha etapa corresponde entonces al resultado de la clasificación y éste es el producto útil de todo el sistema.

3.2.4 Sistemas de reconocimiento basados en modelos ocultos de Markov

En este tipo de sistemas de reconocimiento los patrones no se encuentran almacenados físicamente, sino que están representados por un modelo de producción, en particular, por un modelo oculto de Markov. Estos modelos de producción son estimados a través de una fase de entrenamiento, en la cual se trata de ofrecer al sistema suficientes versiones de los patrones a reconocer.

El procedimiento de reconocimiento puede ser descrito como el cálculo de las probabilidades $P(W|O)$ de que una observación O sea producida por algún modelo W, sobre todo el conjunto de modelos posibles, a fin de encontrar la que proporciona el valor máximo [Rabiner 1989]. La observación será clasificada como perteneciente a la clase $\hat{W}$ empleando

$$P(\hat{W}|O) = \max_{i\in\Omega}\{P(W_i|O)\} \qquad (3.6)$$

Las probabilidades $P(W_i|O)$ no son calculables directamente, pero sí pueden ser obtenidas a partir de la regla de Bayes según:

$$P(W_i|O) = \frac{P(W_i)\cdot P(O|W_i)}{P(O)} \qquad (3.7)$$

donde $P(W_i)$ es la probabilidad de que se produzca el modelo W_i, $P(O|W_i)$ es la probabilidad de producción de la observación O por el modelo W_i, y $P(O)$ la probabilidad de que se produzca la observación O. Ya que $P(O)$ se puede considerar constante para una entrada dada, la tarea de reconocimiento implica encontrar el modelo que maximiza $P(W_i)\cdot P(O|W_i)$, en lugar de $P(W_i|O)$. De este modo, es necesario considerar sólo dos elementos: la probabilidad a priori de que aparezca la clase W_i y la probabilidad de producción de la observación O por el modelo W_i.

Las probabilidades $P(O|W_i)$ pueden ser calculadas evaluando la generación de la observación O por todos los posibles modelos de Markov W_i. En el Apartado 3.4 se expondrá con más detalle cómo se evalúa la generación de secuencias de observables por los HMM.

La probabilidad a priori $P(W_i)$ se puede evaluar a partir del denominado modelo de lenguaje, que proporcionará las probabilidades de aparición de las diversas unidades de reconocimiento consideradas, tanto cuando aparecen de forma aislada como concatenadas.

Normalmente, los elementos a reconocer se suponen compuestos de varias unidades de reconocimiento, cada una de las cuales está asociada a un HMM. Este modo de operación se denomina reconocimiento continuo. En él se construyen macromodelos Λ, compuestos por la concatenación de los modelos elementales, λ_i, de acuerdo a las reglas proporcionadas por el modelo de lenguaje. De esta forma, un elemento a reconocer, W, se supondrá compuesto por la concatenación de una serie de unidades de reconocimiento.

Por tanto, un modelo de lenguaje ha de asignar una probabilidad $P(W)$ a cada secuencia de unidades de reconocimiento, $W=\omega_1$, ω_2, ..., ω_n, tomadas de un conjunto V de unidades permitidas, denominado vocabulario. Usando reglas elementales de la teoría de la probabilidad, $P(W)$ puede ser descompuesta de la forma

$$P(W) = \prod_{i=1}^{n} P(\omega_i \mid \omega_1, \omega_2, ..., \omega_{i-1})$$

(3. 8)

donde $P(\omega_i \mid \omega_1, \omega_2, ..., \omega_{i-1})$ es la probabilidad de que ω_i sea emitida cuando la secuencia previa de unidades de reconocimiento es ω_1, ω_2, ..., ω_{i-1}. La evaluación de la probabilidad $P(W)$ se puede realizar mediante la utilización de las denominadas gramáticas. Una gramática está constituida por un conjunto de símbolos y de reglas que explican la producción de las secuencias de unidades de reconocimiento pertenecientes a un lenguaje.

Las gramáticas más utilizadas son las gramáticas de estados finitos o FSG (*Finite-State Grammars*), por su mayor simplicidad y por la existencia de autómatas de estados finitos equivalentes que facilitan su integración en los sistemas de reconocimiento [Tou 1974]. Dentro de este tipo de gramáticas hay que destacar las FSG estocásticas, que asignan una probabilidad a cada una de las producciones. Puesto que el cálculo de $P(W)$ a partir de la expresión (3.8) puede llegar a ser inabordable, en la práctica se suele considerar que la información relevante para predecir la siguiente unidad de reconocimiento se encuentra en las *N-1* unidades antecesoras. Los tipos de gramáticas resultantes de la aplicación de esta restricción se denominan N-*gramáticas*. De este modo la expresión (3.8) puede simplificarse

$$P(W) = \prod_{i=1}^{n} P(\omega_i \mid \omega_{i-1}, \omega_{i-2}, ..., \omega_{i-N})$$

(3. 9)

En el caso particular $N=0$, las gramáticas se denominan *unigramáticas*. En estas gramáticas todas las unidades de reconocimiento tienen una probabilidad de aparición que no depende de las que hallan sido observadas anteriormente. En la práctica, debido al coste computacional, se utilizan valores bajos de N para este tipo de gramáticas, usualmente 0, 1 y 2, que se denominan unigramáticas, bigramáticas y trigramáticas, respectivamente.

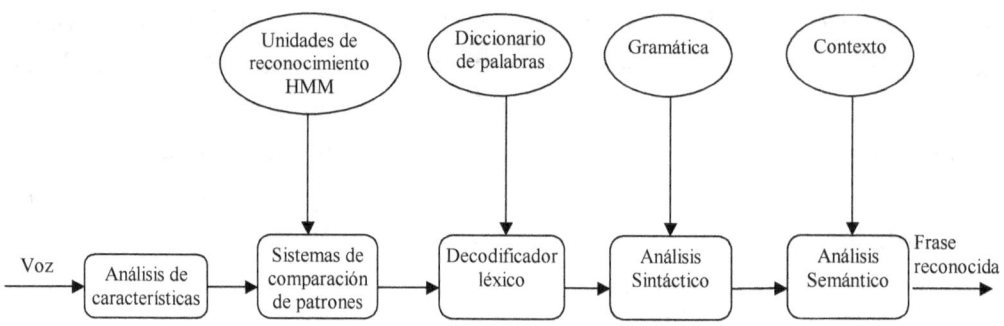

Figura 3.2: Esquema de un sistema de reconocimiento de voz continua mediante HMM.

La Figura 3.2 representa un esquema de un sistema de reconocimiento de voz mediante HMM. En este sistema pueden considerarse cinco etapas en el proceso de reconocimiento [Lee 1990]:

1. **Extracción de características:** En esta fase, la señal es convertida mediante técnicas de procesamiento de señales en una secuencia de observables o vectores de parámetros que representen adecuadamente la señal.

2. **Sistema de comparación de patrones:** Los vectores de características son comparados con un conjunto de patrones de referencia, que constituyen las unidades de reconocimiento. Cada unidad está modelada por un HMM. La salida de esta etapa es la secuencia de los mejores candidatos que explican los vectores de parámetros observados.

3. **Decodificación léxica:** La secuencia de unidades reconocidas se decodifican para formar secuencias de palabras a partir de un diccionario, que recoge las palabras válidas. El diccionario indica cómo se combinan las unidades de reconocimiento entre sí para formar palabras individuales.

4. **Análisis Sintáctico:** La secuencia de palabras que se obtiene de la etapa anterior se analiza utilizando la gramática, para determinar si es correcta o no.

5. **Análisis semántico:** Finalmente las secuencias válidas de gramática son evaluadas para determinar cual de ellas es la más apropiada teniendo en cuenta el contexto.

La segunda y la tercera etapas corresponden al denominado modelado acústico, que corresponde al cálculo de la probabilidad de producción $P(O \mid \omega_j)$ de la observación O por un modelo ω_i en la expresión 3.7. Finalmente, las etapas cuarta y quinta corresponden al modelado del lenguaje explicado con anterioridad.

En función de la continuidad de la emisión de la voz y del objetivo de la detección existen varios tipos de sistemas. Si el sistema se limita a reconocer palabras emitidas de forma aislada entre sí, es lo que se denomina reconocimiento aislado de palabras o IWR, del inglés *Isolated Word Recognition*. Otra modalidad de sistemas son los llamados CWR (*Connected Word Recognition*), o reconocedores de palabras conectadas, en los que éstas son emitidas secuencialmente con una pequeña pausa entre ellas. Si tratan de reconocer la secuencia de palabras que pertenecen a frases emitidas de modo natural, se le denomina sistema de reconocimiento continuo de palabras o CSR, del *inglés Continuous Speech Recognition*. Finalmente, los reconocedores de palabras clave o *Word Spotting* tratan de detectar las palabras clave pertenecientes a un vocabulario en frases emitidas también de forma natural.

3.3   Principios generales de los modelos ocultos de Markov

Un modelo oculto de Markov es un autómata de estados finitos capaz de producir a su salida una secuencia de símbolos observable [Rabiner 1989]. El autómata está formado por un conjunto de estados y evoluciona pasando de un estado a otro de forma probabilística. Los estados están conectados unos a otros por arcos de transición, con probabilidades asociadas a cada arco. Cada estado tiene asociada una función de densidad de probabilidad que define la probabilidad de emitir una observación cada vez que se produce una transición desde dicho estado del HMM. Por tanto, un HMM consta de dos procesos estocásticos: la producción de símbolos y la secuencia de los estados en la evolución del mismo. De ellos, sólo la producción de símbolos es observable. Por este motivo se denomina a este autómata modelo oculto de Markov. La Figura 3.3 representa un HMM de tres estados con una posible secuencia de símbolos observables generada.

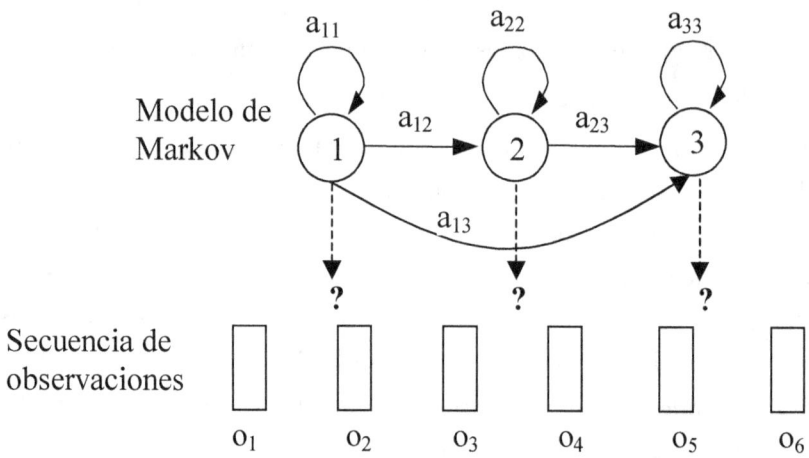

Figura 3.3: Esquema de producción de observaciones generada por un Modelo Oculto de Markov de tres estados. La relación entre la secuencia de observables y los estados de emisión es desconocida [Young 1999].

3.3.1 Elementos de un modelo oculto de Markov

Los elementos que constituyen un modelo oculto de Markov son cinco [Rabiner 1989]:

1) Un conjunto de N estados

$$S = \{s_1, s_2, s_3, ..., s_N\}$$
(3. 10)

Los estados deben estar conectados entre sí, de forma que cualquiera de ellos pueda ser alcanzable desde al menos un estado.

2) Un conjunto de M símbolos observables que pueden ser producidos por el HMM

$$O = \{o_1, o_2, o_3, ..., o_M\}$$
(3. 11)

3) Una matriz de probabilidades de transición de estados, $A=\{a_{ij}\}$. Esta matriz es cuadrada de dimensión N y cada elemento a_{ij} corresponde a la probabilidad de transición del estado s_i al s_j:

$$a_{ij} = P(q_t = s_j | q_{t-1} = s_i) \quad 1 \leq i,j \leq N$$
(3. 12)

donde q_t indica el estado en el que se encuentra el modelo en el instante t. Debido a su naturaleza probabilística, cada elemento a_{ij} debe cumplir:

$$0 \leq a_{ij} \leq 1 \quad 1 \leq i, j \leq N \tag{3.13}$$

Por otra parte, también debe cumplirse que las probabilidades con origen en el mismo estado deben estar normalizadas:

$$\sum_{j=1}^{N} a_{ij} = 1 \tag{3.14}$$

4) Un conjunto de parámetros $B = \{b_i(k) \ / \ 1 \leq i \leq N, \ 1 \leq k \leq M\}$ que definen, para cada estado, la función de densidad de probabilidad de producciones, si las observaciones son magnitudes continuas; o las distribuciones de probabilidad si las observaciones son discretas. Cada b_i se define de la siguiente forma:

$$b_i(o) = P(x_t = o | q_t = s_i) \quad 1 \leq i \leq N \tag{3.15}$$

donde x_t representa el valor de la observación en el instante de tiempo t. Se supone que la generación de observaciones depende sólo del estado en el que se encuentre el modelo en cada instante.

5) Un conjunto de probabilidades de estado inicial $\Pi = \{\pi_i\}$, siendo π_i la probabilidad de que el estado inicial del HMM sea el s_i:

$$\pi_i = P(q_1 = s_i) \quad 1 \leq i \leq N \tag{3.16}$$

Al igual que las probabilidades de transición de estados a_{ij}, las de estado inicial π_i deben verificar:

$$0 \leq \pi_i \leq 1 \quad 1 \leq i \leq N \tag{3.17}$$

$$\sum_{i=1}^{N} \pi_i = 1 \tag{3.18}$$

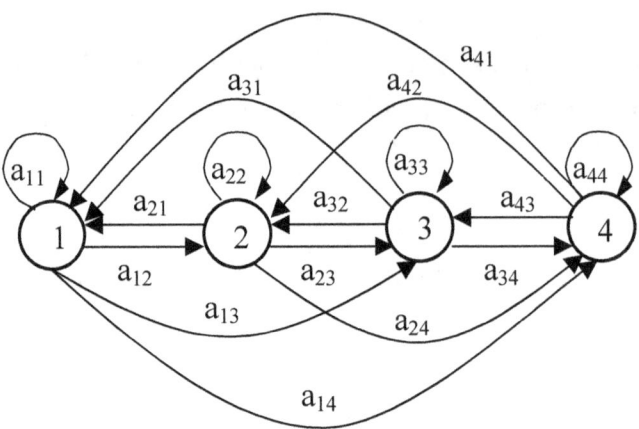

Figura 3.4: Modelo de Markov ergódico de 4 estados.

De esta forma un HMM, queda definido completamente al especificar los conjuntos Π, A y B, que identificarán al modelo λ.

$$\lambda = (\Pi, A, B) \tag{3.19}$$

3.3.2 Topología de los modelos ocultos de Markov

La topología de un modelo oculto de Markov viene dada por el número de estados que lo componen y las transiciones permitidas entre dichos estados. La topología más adecuada dependerá de la aplicación a la que vayan a ser destinados los HMM. Los tipos más importantes de HMM son los de izquierda a derecha, o de Bakis, y los ergódicos. Estos últimos son el caso más genérico de modelos de Markov. De manera estricta, un HMM ergódico será aquel en el cual se pueda evolucionar desde cualquier estado a cualquier otro en un número finito de transiciones, aunque el término se suele utilizar habitualmente para referirse a modelos en los cuales todas las transiciones son posibles. Un ejemplo de un modelo ergódico se presenta en la Figura 3.4.

Los HMM de Bakis o izquierda-derecha sólo permiten transiciones "hacia adelante", es decir, el índice de los estados es creciente (no estrictamente) con el tiempo de evolución. Este hecho hace que la matriz de transiciones A sea triangular superior:

$$a_{ij} = 0 \quad \forall i > j \tag{3.20}$$

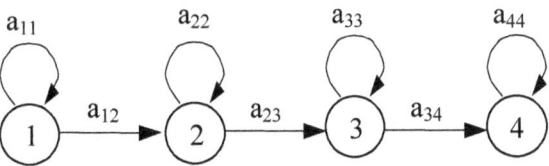

Figura 3.5: Ejemplo de modelo HMM de Bakis o "izquierda-derecha" de 4 estados.

es decir, si en un momento determinado el modelo está en el estado de índice i, seguirá en dicho estado con probabilidad a_{ii}, o bien evolucionará a un estado con un índice j mayor que i con probabilidad a_{ij}. Un ejemplo de un HMM de izquierda-derecha con cuatro estados puede apreciarse en la Figura 3.5. Este tipo de modelos es el que se ha utilizado en el presente trabajo, por la naturaleza secuencial que presenta la música.

3.3.3 Variantes del modelado oculto de Markov

Los HMM se clasifican también en función de cómo sean los símbolos observables producidos por los estados del modelo. Si estos símbolos corresponden a magnitudes discretas se denominan HMM discretos o DHMM (del inglés *Discrete Hidden Markov Model*). Si, por el contrario, estos símbolos responden a magnitudes continuas, se denominan HMM continuos o CHMM (del inglés *Continuous HMM*). También existen los modelos semicontinuos o SCHMM (del inglés *SemiContinuous HMM*) que surgen de realizar algunas restricciones sobre los modelos continuos. En el caso más general, la variable estocástica asociada a la producción de observaciones es continua y multivariada. Para diferenciar las distintas variantes, se considerará el cálculo de la probabilidad de generación de una secuencia observable X_1^T, compuesta por T vectores continuos, de forma que $X_1^T = x_1 x_2 ... x_T$. Dado un modelo determinado λ, para esta secuencia observable se puede escribir la siguiente relación para la probabilidad de generación a posteriori [Segura 1991]:

$$P(X_1^T \mid \lambda) = \sum_{Q_1^T} P(X_1^T \mid Q_1^T, \lambda) P(Q_1^T \mid \lambda) \qquad (3.21)$$

donde Q_1^T es una de las posibles secuencias de estados para el modelo considerado. El primero de los factores se puede expresar de la forma

$$P(X_1^T \mid Q_1^T, \lambda) = \prod_{t=1}^{T} P(x_t \mid q_t, \lambda) \qquad (3.22)$$

y el segundo como

$$P(Q_1^T \mid \lambda) = \prod_{t=1}^{T} P(q_t \mid q_{t-1}, \lambda) \tag{3.23}$$

donde los términos $P(x_t \mid q_t, \lambda)$ corresponden a las densidades de probabilidad de producción de observaciones. Suponiendo que éstas pueden escribirse como combinación lineal de funciones densidad de probabilidad, se tiene:

$$P(x_t \mid q_t, \lambda) = \sum_{O_t \in O(q_t, \lambda)} P(x_t \mid O_t, q_t, \lambda) P(O_t \mid q_t, \lambda) \tag{3.24}$$

donde la sumatoria sobre O_t se extiende a un conjunto de clases $O(q_t, \lambda)$ caracterizadas por funciones densidad de probabilidad específicas para cada estado q_t, de cada modelo λ, siendo O_t el representante de dicha clase.

La forma concreta de la combinación lineal de (3.24) y el conjunto de clases O seleccionadas determinan las diferentes variantes del modelado oculto de Markov.

Modelos Continuos o CHMM: En esta variante, las densidades de probabilidad de producción de observaciones son dependientes del estado y del modelo. De este modo, las densidades de probabilidad $P(x_t \mid O_t, q_t, \lambda)$ son modeladas mediante gausianas multivariadas, utilizándose tantas como clases O_t y estados q_t. En esta situación las probabilidades $P(O_t \mid q_t, \lambda)$ corresponden a los coeficientes de mezcla de las gausianas.

Si se llama c_{in} al coeficiente enésimo de la mezcla correspondiente al estado s_i

$$c_{in} \equiv P(O_n \mid s_i, \lambda) \tag{3.25}$$

la expresión (3.24) se puede escribir en función de dichos coeficientes y de los parámetros de las gausianas de la siguiente forma

$$P(x_t \mid q_t, \lambda) \equiv b_i(x_t) = \sum_{n=1}^{M} c_{in} \theta(x, \mu_{in}, \Sigma_{in}) \tag{3.26}$$

donde x_t es un vector continuo de observaciones y θ es una función densidad de probabilidad gaussiana de vector media μ_{in} y matriz de covarianza Σ_{in}.

Modelos semicontinuos o SCHMM: En los modelos semicontinuos se supone que las densidades de probabilidad de producción de observaciones $P(x_t|O_t ,q_t ,\lambda)$ son independientes del estado q_t en el que se encuentre el HMM y del propio modelo. De esta forma, la ecuación de la mezcla (3.24) puede escribirse:

$$P(x_t|q_t,\lambda) = \sum_{O_t \in O} P(x_t|O_t)P(O_t|q_t,\lambda) \qquad (3.27)$$

De esta forma, la sumatoria O_t se realiza sobre el conjunto O de clases caracterizadas por funciones densidad de probabilidad comunes a todos los estados de los diferentes modelos.

La ecuación anterior puede verse como un proceso de cuantización vectorial, en el que O_t es el representante de una de las clases consideradas. Así, $P(x_t|O_t)$ es la probabilidad de cuantización del vector x_t según la clase correspondiente al representante O_t

$$P(x_t | O_t) \equiv f(x_t | O_t) \qquad (3.28)$$

Por otra parte, $P(O_t|q_i,\lambda)$ es la probabilidad de dicho representante O_t en el estado q_i del modelo λ

$$P(O_t | q_i, \lambda) \equiv b_i(O_t) \qquad (3.29)$$

Si se considera un diccionario de cuantización de L clases, la ecuación (3.26) puede expresarse

$$P(x_t | q_t, \lambda) \equiv B_i(x_t) = \sum_{l=1}^{L} f(x_t | O_l)b_i(O_l) \qquad (3.30)$$

La anterior expresión puede considerarse como una mezcla de L gausianas en las que las probabilidades discretas $b_i(O_l)$ juegan el papel de coeficientes mezcla. En la práctica solamente se utilizan los valores de $f(x_t|O_l)$ más significativos de los L existentes.

Modelos discretos o DHMM: Los modelos discretos difieren de los semicontinuos en que, para calcular la distribución de probabilidad de las observaciones $P(x_t|q_t,\lambda)$, se toma el representante O_t de la clase más significativa. De esta forma, a partir de la ecuación (3.27) se obtiene:

$$P(x_t \mid q_t, \lambda) = P(x_t \mid O_t^*)P(O_t^* \mid q_t, \lambda) \qquad (3.31)$$

donde

$$O_t^* = \arg \max_{O_t \in O} P(x_t \mid O_t) \qquad (3.32)$$

En esta última aproximación se ha supuesto que las clases a las que pertenecen los símbolos O_t son disjuntas, por lo que no hay pérdida de información. Esta aproximación implica que en el proceso de reconocimiento se realiza una cuantización vectorial de los posibles valores de los vectores observados. Este hecho permite crear un diccionario, llamado diccionario VQ (del inglés *Vectorial Quantization*) compuesto por los centroides de las clases obtenidas, aplicando técnicas de agrupamiento a los vectores en la fase de entrenamiento. Este diccionario se utiliza para modelar los valores de los vectores de observaciones.

3.4   Los tres problemas básicos del modelado HMM

La utilización de los modelos ocultos de Markov dentro de un sistema de reconocimiento, requiere la resolución de tres problemas [Rabiner, 1989]:

- **Evaluación.** Dada una secuencia de observaciones $X_1^T = x_1 x_s ... x_T$ y un modelo λ, se busca cómo evaluar la probabilidad $P(X_1^T \mid \lambda)$ de que la secuencia observada haya sido producida por dicho modelo.

- **Estimación.** Dada una secuencia de observaciones $X_1^T = x_1 x_s ... x_T$ y un modelo λ, cómo elegir los parámetros del modelo $\lambda = (\Pi, A, B)$ para que la probabilidad de generación de dicha secuencia por el modelo sea óptima.

- **Decodificación.** Dada una secuencia de observaciones $X_1^T = x_1 x_s ... x_T$, cómo obtener la secuencia de estados $Q_1^T = q_1 q_s ... q_T$ que mejor explica la generación de la secuencia por parte del modelo λ.

Estos problemas se concretan en las fases de entrenamiento y de reconocimiento. En la fase de entrenamiento, a un modelo se le proporciona una secuencia de observaciones de entrenamiento para estimar la matriz de probabilidades de transición A, las distribuciones o funciones densidad de probabilidad B y las distribuciones iniciales.

La solución al problema de evaluación permitirá evaluar la probabilidad de generación de una secuencia de observaciones por un modelo. Esta probabilidad puede utilizarse para clasificar las secuencias de observaciones, lo que constituirá la base de cualquier sistema de reconocimiento basado en HMM.

La solución del problema de decodificación permitirá extraer información sobre el proceso oculto, al obtener la secuencia óptima de estados. Esta información puede utilizarse para interpretar el significado de los estados del modelo, así como para la extracción de parámetros estadísticos sobre dichos estados, como pueden ser las duraciones medias de los mismos.

En los siguientes apartados se indicará cómo se solucionan estos problemas únicamente en el caso en el que los modelos sean discretos DHMM. Las razones son pedagógicas (mayor sencillez), e históricas, pues fueron los primeros en desarrollarse. A pesar de esta restricción, las fórmulas de estimación de parámetros y los algoritmos de evaluación que se van a exponer a continuación sólo difieren respecto a los correspondientes para los modelos continuos o CHMM y semicontinuos, SCHMM, en cuanto a la evaluación de los valores $b_i(x_t)$ que definen las funciones de densidad de probabilidad de producción de los estados.

3.4.1 Evaluación de secuencias

Los HMM se pueden utilizar para evaluar la probabilidad de que una secuencia haya sido producida por un modelo basándose en el proceso de producción de secuencias. Formalmente, conocida una secuencia de observaciones $X_1^T = x_1 x_2 ... x_T$ y el correspondiente modelo de Markov $\lambda = (\Pi, A, B)$, para evaluar la probabilidad de que dicha secuencia halla sido producida por el modelo, $P(X_1^T \mid \lambda)$, han de considerarse todas las posibles secuencias de T estados. Si $Q_1^T = q_1 q_2 ... q_T$ es una de dichas posibles secuencias de T estados, la probabilidad de la secuencia observada viene dada por [Rabiner 1989]:

$$P(X_1^T \mid \lambda) = \sum_{Q_1^T} \pi_{q_1} b_{q_1}(x_1) a_{q_1 q_2} b_{q_2}(x_2) \cdots a_{q_{T-1} q_T} b_{q_T}(x_T) \qquad (3.33)$$

Un algoritmo eficiente para evaluar la expresión anterior es el procedimiento llamado Adelante-Atrás (en la literatura *Forward-Backward*).

Las probabilidades hacia delante $\alpha_i(t)$ se definen como la probabilidad de la secuencia parcial de observaciones compuesta por los símbolos presentados hasta el instante de tiempo t, cuando el estado en dicho instante t es s_i [Rabiner 1989]:

$$\alpha_i(t) \equiv P(x_1 x_2 \cdots x_t, q_t = s_i \mid \lambda) \qquad (3.34)$$

Es posible calcular $\alpha_i(t)$ de manera recursiva a partir de la inicialización, que es inmediata, para t=1

$$\alpha_i(1) = P(x_1, q_1 = s_i \mid \lambda) = \pi_i \cdot b_i(x_1) \qquad (3.35)$$

Para los instantes sucesivos se puede expresar $\alpha_i(t)$ en función de los valores anteriores teniendo en cuenta las probabilidades de transición y de producción de símbolos:

$$\alpha_i(t) = \sum_{j=1}^{N} \alpha_j(t-1) \cdot a_{ji} \cdot b_i(x_t) \qquad \begin{array}{l} 1 < t \le T \\ 1 \le i \le N \end{array} \qquad (3.36)$$

Finalmente, la probabilidad total de realizar una observación será la suma de las correspondientes a cada estado considerado como final.

$$P(X_1^T \mid \lambda) = \sum_{i=1}^{N} \alpha_i(T) \qquad (3.37)$$

De esta forma se reduce el número de operaciones mediante la eliminación de la dependencia exponencial con el número de símbolos de la secuencia a evaluar.

Las probabilidades hacia atrás $\beta_i(t)$ se definen como la probabilidad de la secuencia de operaciones parcial constituida por todos los símbolos presentados a partir del instante de tiempo t, cuando el estado en dicho instante es s_i [Rabiner 1989]:

$$\beta_{\mathrm{i}}(t) \equiv P(x_{t+1}x_{t+2}\cdots x_T, q_t = s_i \mid \lambda) \tag{3. 38}$$

Si se inicializa a 1 para T, que es el valor conocido

$$\beta_{\mathrm{i}}(T) \equiv 1 \tag{3. 39}$$

De la misma forma que para las probabilidades hacia delante, es posible calcular $\beta_i(t)$ de manera recursiva:

$$\beta_{\mathrm{i}}(t) = \sum_{j=1}^{N} \beta_{\mathrm{j}}(t+1) \cdot a_{ij} \cdot b_j(x_{t+1}) \qquad \begin{matrix} 1 < t \le T-1 \\ 1 \le i \le N \end{matrix} \tag{3. 40}$$

3.4.2 Decodificación

La decodificación de la secuencia de estados más probable, dada una secuencia $X_1^T = x_1 x_2 \ldots x_T$ y un modelo $\lambda = (\Pi, A, B)$, no tiene una única solución pues ésta depende del criterio utilizado para determinar la mejor secuencia. El criterio que se suele utilizar para escoger la secuencia óptima de estados $Q_1^{T^*}$ es maximizar la probabilidad condicionada de generación de la observación.

$$Q_1^{T^*} = \arg\max_{Q_1^T} P(X_1^T \mid Q_1^T, \lambda) \tag{3. 41}$$

La resolución de esta ecuación se hace utilizando el llamado algoritmo de Viterbi [Rabiner 1989]. Se trata de un algoritmo iterativo en el que se define una variable $\delta_i(t)$ como la probabilidad máxima de generación de una secuencia de t símbolos sobre cualquier secuencia simple de estados cuyo estado final es el s_i.

$$\delta_{\mathrm{i}}(t) \equiv P^*(x_1 x_2 \cdots x_t \mid q_t = s_i, \lambda) \tag{3. 42}$$

Por inducción, se verifica la siguiente igualdad [Rabiner 1989]

$$\delta_{\mathrm{i}}(t) = \max_{1 \le j \le N} \{\delta_{\mathrm{j}}(t-1) \cdot a_{ji}\} \cdot b_i(x_t) \tag{3. 43}$$

Para conocer la secuencia de estados, es necesario almacenar los valores del argumento que maximizan $\delta_i(t)$. Para ello se utiliza una matriz en la que cada elemento $\psi_{it} \equiv \psi_i(t)$ contiene el índice del estado que maximiza la expresión anterior en el tiempo t. A partir de aquí han de establecerse la condición inicial, la condición de terminación y cómo realizar las iteraciones:

a) Inicialización

$$\psi_1(1) = 1$$

$$\delta_i(1) = \pi_i \cdot b_i(x_1) \quad 1 \le i \le N$$

(3. 44)

b) Recursión

$$\delta_i(t) = \max_{1 \le j \le N} \delta_j(t-1) \cdot a_{ji} \cdot b_i(x_t) \quad 2 \le t \le T$$

(3. 45)

$$\psi_i(t) = \arg \max_{1 \le j \le N} \delta_j(t-1) \cdot a_{ji} \quad 1 \le i \le N$$

c) Terminación

$$P^*(X_1^T \mid \lambda) = \max_{1 \le i \le N} \delta_i(T)$$

$$q_T^* = \arg \max_{1 \le i \le N} \delta_i(T)$$

(3. 46)

d) Recursión para obtener la secuencia de estados

$$q_t^* = \psi_{q_{t+1}^*}(t+1) \quad 1 \le t \le T-1$$

(3. 47)

Como muestra la Figura 3.6, este algoritmo se puede ver como la búsqueda del mejor camino a través de una matriz en la que la dimensión vertical representa los estados del HMM y la dimensión horizontal representa la secuencia de observables de la señal en el tiempo. Cada punto en la figura representa la probabilidad de observar dicha trama en

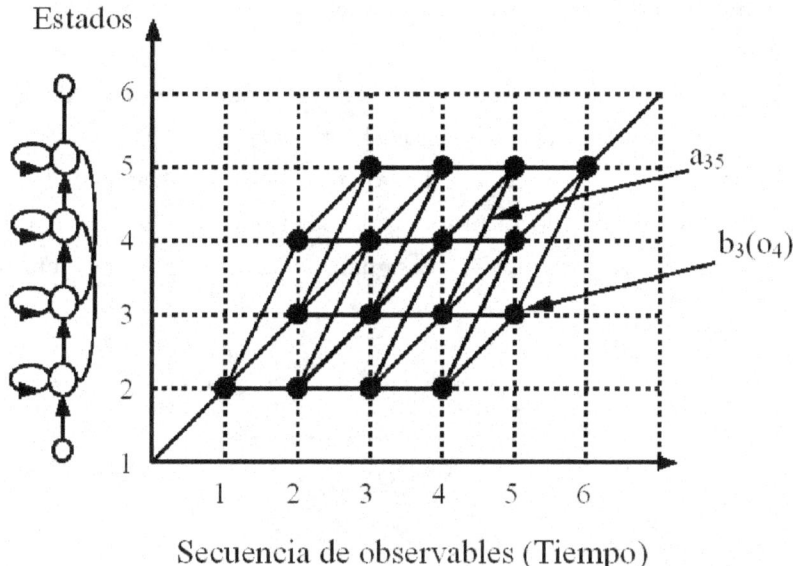

Figura 3.6: El algoritmo de Viterbi para reconocimiento aislado. El modelo HMM tiene 6 estados, en los que el primero y el último no son estados emisores [Young 1999].

dicho instante de tiempo, y cada arco entre puntos corresponde a una probabilidad de transición. La probabilidad de cualquier camino se calcula simplemente sumando las probabilidades de transición y las probabilidades de producción a lo largo de dicho camino. Los caminos se construyen de izquierda a derecha columna a columna. En el instante t, se conoce cada camino parcial δ_j $(t\text{-}1)$ para todos los estados j, y las ecuaciones (3.45) se utilizan para calcular δ_i (t) extendiendo los caminos parciales por una trama de tiempo.

3.4.3 Entrenamiento de modelos

El problema del entrenamiento implica, como se ha explicado anteriormente, la estimación de los parámetros del modelo $\lambda=(\Pi,A,B)$, dada la secuencia de observación de entrenamiento $X_1^T = x_1 x_2 ... x_T$, de tal forma que se maximice $P(X_1^T \mid \lambda)$. Esta maximización presenta graves dificultades, pues no se conoce la solución analítica del problema [Rabiner 1989]. La solución que se adopta generalmente se basa en la reestimación iterativa de los parámetros de los modelos hasta que se alcanza un óptimo local para la probabilidad $P(X_1^T \mid \lambda)$. Este método se conoce con el nombre de algoritmo

Baum-Welch, aunque también existen otros métodos como el algoritmo de máxima verosimilitud (EM).

El algoritmo Baum-Welch garantiza la convergencia uniforme hacia un máximo local de la función probabilidad de generación. El algoritmo realiza en cada iteración una estimación del conjunto de parámetros y luego maximiza la probabilidad de generar los datos de entrenamiento utilizando el modelo, de tal modo que la nueva probabilidad es mayor o igual a la previa. Los valores se reasignan de acuerdo a las siguientes ecuaciones [Rabiner 1989]:

$$\pi_i' = \frac{\sum_{j=1}^{N} \alpha_i(1) \cdot a_{ij} \cdot b_j(x_2) \cdot \beta_j(2)}{\sum_{i=1}^{N} \alpha_i(t) \cdot \beta_i(t)} \qquad (3.48)$$

$$a_{ij}' = \frac{\sum_{t=1}^{T-1} \alpha_j(t) \cdot a_{ij} \cdot b_i(x_{t+1}) \cdot \beta_i(t+1)}{\sum_{t=1}^{T-1} \alpha_j(t) \cdot \beta_j(t)} \qquad (3.49)$$

$$b_i'(k) = \frac{\sum_{t=1}^{T} \alpha_i(t) \cdot \beta_i(t) \cdot \delta_{kr}(v_k, x_t)}{\sum_{t=1}^{T} \alpha_i(t) \cdot \beta_i(t)} \qquad (3.50)$$

3.4.4 Implementación de los modelos

La implementación práctica de los HMM en un sistema de reconocimiento requiere la resolución de algunos problemas:

- **Entrenamiento multisecuencia.** Los algoritmos de entrenamiento desarrollados con anterioridad sólo son válidos para una única secuencia por modelo. El entrenamiento multisecuencia es necesario para poder establecer modelos generales válidos cuando se utilizan un conjunto de secuencias representantes de la misma clase para estimar los parámetros del modelo. El modo de resolver este problema se encuentra descrito en [Rabiner 1989].

- **Escalado.** Las señales que se propagan a través del HMM tienen una interpretación probabilística, por lo que sus valores estarán comprendidos en el intervalo [0,1]. Este hecho origina problemas de desbordamiento, debido a que las probabilidades hacia delante, α_i *(t),* y hacia atrás, β_i *(t),* se calculan iterativamente mediante el producto y acumulación de valores previos (3.36) (3.40). Algunos de los métodos que permiten solventar este problema son el *escalado dinámico* y *la compresión logarítmica* [Segura 1991].

- **Entrenamiento finito.** El número de secuencias de entrenamiento es finito, por lo que no se pueden asignar valores nulos a las probabilidades de producción de símbolos, ya que no se podría afirmar que un símbolo determinado no aparecerá nunca en algún estado de un modelo. Para evitar este problema se puede aumentar el conjunto de secuencias de entrenamiento o disminuir el número de parámetros a estimar en los modelos. Si ninguna de estas opciones es posible, se puede minimizar este efecto recurriendo a alguna técnica de suavizado, que consiste en interpolar un modelo $\overline{\lambda}$ en base al modelo estimado λ, y a otro $\widetilde{\lambda}$, en el que las probabilidades están suavizadas. El método de interpolación se realiza empleando un parámetro ε en la forma

$$\overline{\lambda} = \varepsilon \cdot \lambda + (1-\varepsilon) \cdot \widetilde{\lambda} \quad \varepsilon \in [0,1] \tag{3.51}$$

El método más utilizado para determinar el modelo $\widetilde{\lambda}$ para interpolar consiste en el uso de distribuciones uniformes. La estimación del parámetro ε puede realizarse mediante el algoritmo denominado *Deleted interpolation* [Rabiner1989].

- **Inicialización.** Los valores iniciales de los modelos no están determinados por el proceso de entrenamiento. Los algoritmos de entrenamiento utilizados para la construcción de los modelos convergen hacia un óptimo local, como ya se mencionó en el Apartado 3.4.3. El óptimo local que se alcance dependerá en gran medida de la situación inicial de los modelos, por lo que es necesario establecer un procedimiento de inicialización de los mismos. No existe un método que permita seleccionar la configuración inicial de los parámetros de forma que se garantice la obtención de un

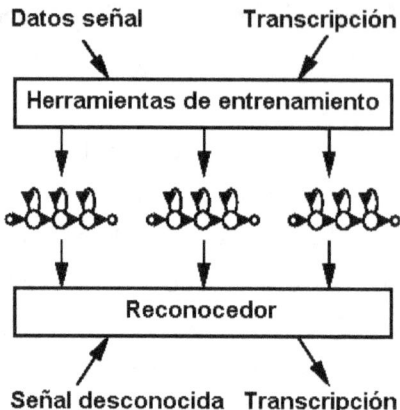

Figura 3.7: Esquema de las principales tareas realizadas por HTK [Young 1999].

máximo global de la función de probabilidad. La experiencia demuestra que una elección aleatoria o uniforme de las probabilidades iniciales de los estados, Π, y las probabilidades de transición entre estados, A, resulta adecuada [Díaz 1995]. Para las probabilidades de producción B, existen diversos métodos para realizar estimaciones iniciales adecuadas, que están basadas en la obtención de una segmentación inicial de las secuencias de entrenamiento y extraer de ésta los valores iniciales [Segura 1991].

3.5   La herramienta HTK

En el presente trabajo se ha utilizado la herramienta HTK para reconocimiento de voz aplicada a las señales musicales. HTK (del inglés *HMM ToolKit*) es una herramienta diseñada para construir sistemas de reconocimiento y procesamiento de voz basados en modelos ocultos de Markov. La filosofía de HTK es facilitar todos los procedimientos primitivos que permiten el uso de todas las variantes de HMM, y en todas sus fases: inicialización, entrenamiento y reconocimiento (Figura 3.7). Complementariamente a todos los procedimientos de los HMM, también incorporan herramientas relacionas con la adquisición y parametrización de las señales, el etiquetado de las muestras y la creación de gramáticas.

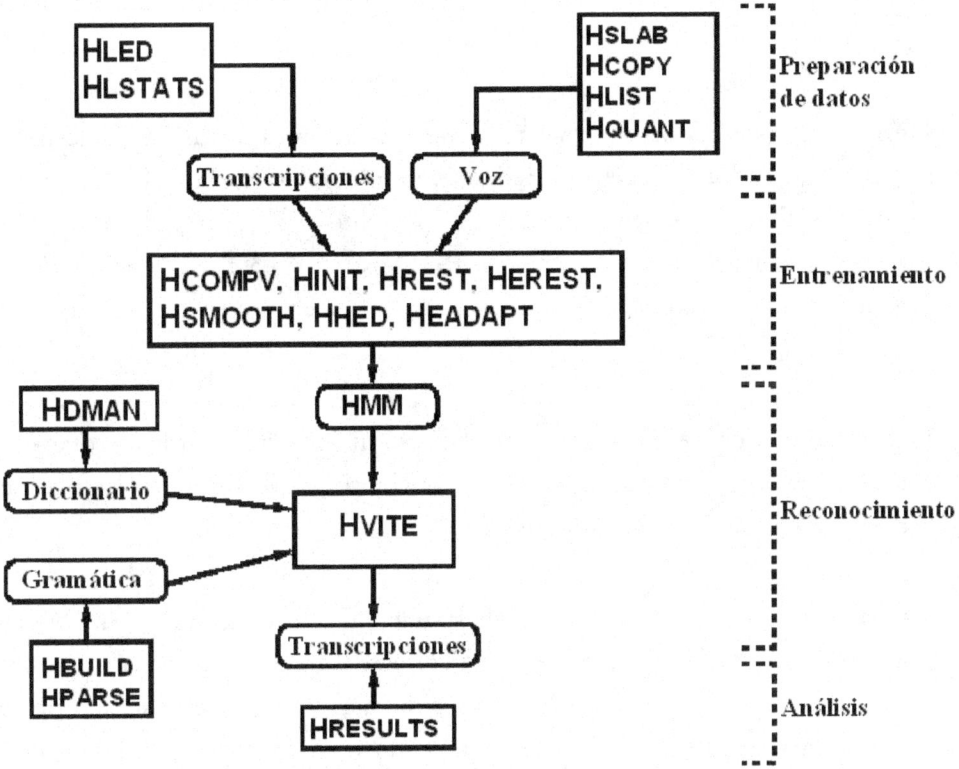

Figura 3.8: Esquema de las principales herramientas de HTK y las etapas en las que intervienen. Los nombres de todas las herramientas comienzan por H [Young 1999].

Las herramientas se utilizan desde el intérprete de comandos, lo que permite construir y evaluar grandes sistemas de reconocimiento, a partir de ficheros de procesamiento por lotes. HTK clasifica sus herramientas en cuatro grupos, realizados en función de la etapa en la que participan (Figura 3.8):

- **Herramientas de preparación de datos.** Para la construcción de un sistema de reconocimiento de voz, se debe disponer de muestras parametrizadas de la señal, así como de sus transcripciones. HTK permite realizar la adquisición de datos directamente de la fuente emisora (utilizando un micrófono y una tarjeta de sonido) y posteriormente parametrizar la señal. También permite utilizar bases de datos de muestras de señales digitalizadas en diversos formatos: CDA, wav, etc. Se pueden extraer variadas combinaciones de parámetros de la señal y agruparlos de varios modos. En este tipo de herramientas se incluyen también las que permiten la manipulación de las transcripciones y la que permite la creación de diccionarios de cuantización VQ.

- **Herramientas de entrenamiento.** Una vez se dispone de las muestras en el formato adecuado, es necesario definir la topología de los HMM, que en HTK se realiza con ficheros de tipo texto con un formato especial. HTK admite todas las variantes del modelado presentadas en el Apartado 3.3.3, la inicialización de los modelos y el entrenamiento de los mismos, ya sea en modo de palabras aisladas o en modo continuo.

- **Herramientas de reconocimiento.** Aquí se incluye la herramienta que se utiliza para realizar el reconocimiento, que usa el algoritmo de Viterbi, y las que facilitan la creación y modificación de gramáticas.

- **Herramienta de análisis.** Es la herramienta que se emplea para facilitar la evaluación del reconocimiento de los sistemas. Ofrece estadísticas en dos niveles de transcripción (fonemas y palabras) y generales, que son el resumen de todo el reconocimiento, o por cada fichero de muestras.

Las especificaciones de los HMM utilizados y soportadas por HTK son las siguientes:

a) Las densidades de probabilidad observación son gausianas multivariable continuas en los modelos continuos CHMM. En la ecuación (3.26), las funciones θ tienen la siguiente forma

$$\theta(x,\mu,\Sigma) = \frac{1}{\sqrt{(2\pi)^d \mid \Sigma \mid}} e^{-\frac{1}{2}(x-\mu)'\cdot\Sigma^{-1}\cdot(x-\mu)} \tag{3.52}$$

donde x es el vector de parámetros observado, μ es el vector media y Σ la matriz de covarianza de la Gaussiana. El parámetro d indica la dimensión de los vectores de observables x.

b) La topología del modelo considera un estado de entrada y otro de salida no emisores. Esto provoca que la definición general de los parámetros de los HMM cambie. En primer lugar, las probabilidades de ocupación inicial Π no se utilizan, quedando reemplazadas por las probabilidades de transición del primer estado a los demás.

$$a_{1i} = \begin{cases} 0 & i = 1 \ \acute{o} \ i = N \\ P(q_1 = s_i) & 2 \leq i \leq N-1 \end{cases} \tag{3.53}$$

Por otro lado también hay que definir las probabilidades de transición desde cualquier estado a la salida:

$$a_{iN} = \begin{cases} P(q_T = s_i) & 2 \leq i \leq N-1 \\ 0 & i = 1 \ \acute{o} \ i = N \end{cases} \tag{3.54}$$

Las probabilidades del tipo a_{Ni} no son consideradas por HTK, pudiéndose definir como nulas. Estos estados no-emisores en la topología de HMM propuesta en HTK se utilizan para facilitar la conexión de HMM en el reconocimiento continuo y se denominan estados de entrada y salida del HMM.

CAPITULO 4

LAS BASES DE DATOS

4.1 Introducción

En este capítulo se van a describir las bases de datos utilizadas en los experimentos, así como las técnicas utilizadas para el preprocesado de la música.

Como se expuso en el capítulo anterior, todos los sistemas de reconocimiento de patrones necesitan usar modelos de las entidades que se pretenden reconocer. Estos modelos se usan para compararlos con los datos de entrada al sistema, y establecer, en función de su "parecido", con cuál de ellos el sistema identifica la entrada. Tanto para fines de entrenamiento, como de reconocimiento, es necesario disponer de una base de datos con ejemplos suficientes de todas las clases para poder realizar el entrenamiento y la evaluación del sistema obtenido.

En nuestro caso, la base de datos consiste en un conjunto de grabaciones musicales. Sin embargo, el hecho de disponer de los ejemplos necesarios para desarrollar y validar el sistema no es condición suficiente para que éste funcione. Como paso previo a la utilización de la base de datos es necesario someter todas las señales musicales a un preprocesado cuyo objetivo principal es el de obtener una representación de las señales que contenga la información relevante y elimine la irrelevante. También se requiere que dicha representación de la señal sea tratable computacionalmente y pueda ser procesada por el sistema de reconocimiento.

4.2   Criterios de diseño de las bases de datos

Se han creado cuatro bases de datos distintas para abordar todos los aspectos que se querían tratar en este trabajo: reconocimiento de las estructuras del ritmo (compases) y reconocimiento de los componentes fundamentales (notas). A pesar de poseer características muy distintas entre sí, en su diseño se han cumplido los siguientes objetivos:

- **Complitud:** las bases de datos incluyen todas las clases de elementos que se van a utilizar en el reconocimiento.

- **Número de repeticiones:** se ha incluido en todas el suficiente número de elementos de cada clase para que el entrenamiento sea adecuado.

- **Equilibrio:** todos los elementos aparecen un número de veces similar, sin grandes diferencias que favorezcan o penalicen el reconocimiento de unos elementos frente a otros. Aunque parezca contradictorio, en algunas bases de datos se han establecido diversas frecuencias de aparición de las notas con el fin de detectar errores en el reconocimiento debidos a la falta de entrenamiento.

- **Variabilidad:** se ha modelado la posible variabilidad mediante el uso de varios instrumentos para generar la música y mediante composiciones distintas pertenecientes a distintos autores o realizadas mediante sucesión de notas aleatorias.

- **Particiones:** en cada base de datos se han establecido particiones para entrenamiento y reconocimiento, teniendo en cuenta en su realización las condiciones anteriores.

- **Unidades de grabación:** se ha escogido como unidad de grabación 30 segundos, que es suficiente para las aplicaciones en las que han sido usadas.

- **Sintaxis:** para el sistema de reconocimiento del ritmo, se utiliza una restricción sintáctica, que viene impuesta por las limitaciones de aplicabilidad del sistema.

4.3 Descripción de las bases de datos

Como se ha expuesto en el apartado anterior, se han creado cuatro bases de datos distintas dependiendo de la aplicación a la que están destinadas. Para mejorar la validez estadística de los resultados se ha utilizado el método de conjuntos disjuntos (*Leave-k-out*) de entrenamiento y reconocimiento [Korbicz 2004]. Este procedimiento consiste en realizar varias particiones disjuntas de una base de datos, tomando k particiones para realizar reconocimiento y el resto para entrenamiento. En el siguiente paso, de las particiones realizadas, se toman otras k particiones distintas a las anteriores para reconocimiento y las restantes se utilizan en el entrenamiento. Este proceso se repite de forma sucesiva hasta que todas las particiones se hayan utilizado una vez en la fase de reconocimiento. En el presente trabajo se han realizado 5 particiones de todas las bases de datos con las que se han entrenado los sistemas. En cada etapa se han escogido 4 de dichas particiones (el 80% de los archivos de muestras) para realizar el entrenamiento y la restante (el 20%) para el reconocimiento, lo que implica que los resultados globales se obtienen después de 5 procesos entrenamiento-reconocimiento, alternando en cada proceso la partición de reconocimiento.

A continuación se definen brevemente cada una de las bases de datos junto a su aplicación. Para facilitar las referencias en capítulos posteriores, a cada una de las bases de datos se le denomina con un acrónimo que está compuesto por una o varias iniciales en función de sus características que, por orden, son:

1) Unidad de reconocimiento: Indica los elementos que se pretenden reconocer y entrenar. En las bases de datos se dan tres posibilidades: compases, abreviadamente *Com*; notas de duración fija a las que se asigna las letras *NoF*; y notas de duración variable que se indican con *NoV*.

2) Formato de origen de la grabación: Establecen cuál es el formato original de los ficheros musicales. Existen dos tipos, los procedentes de grabaciones MIDI[8],

---

[8]Un archivo MIDI es una serie de órdenes consistentes en: la nota, el instante de comienzo, el final y el instrumento que la interpreta; todo ello codificado en formato binario.

Nombre de la base de datos	Unidad de reconocimiento	Formato del origen	Tipo de música	Monofonía o polifonía
ComCdReP	Compases	CD	Real	Polifonía
NoFMiAlM	Notas de duración fija	MIDI	Secuencia de notas aleatorias	Monofonía
NoVMiAlM	Notas de duración variable	MIDI	Secuencia de notas aleatorias	Monofonía
NoVMiReM	Notas de duración variable	MIDI	Real	Monofonía
NoVMiReP	Notas de duración variable	MIDI	Real	Polifonía

Tabla 4.1: Nombres y características de las bases de datos utilizadas.

indicados con las letras *Mi*, y los procedentes de grabaciones realizadas en formato estándar de *Compact Disc*, que se representan con las letras *Cd*.

3) Tipo de música: Expresa si la música es real o son una sucesión de notas aleatorias. Si se trata de canciones reales se indica con las letras *Re* y con *Al* en el caso contrario.

4) Monofonía o polifonía: Se indica con una *M* en el caso de que se trate de grabaciones monofónicas y con una *P* si son Polifónicas.

En la Tabla 4.1 se puede apreciar claramente la correspondencia entre los nombres de las bases de datos y sus características. La Tabla 4.2 presenta un resumen estadístico del número de grabaciones, la duración y las unidades de reconocimiento de las bases de datos utilizadas.

En los siguientes subapartados se describen las cinco bases de datos así como el uso al que han sido destinadas, que justifica sus características.

4.3.1 La base de datos ComCdReP

Esta base de datos es la que ha sido utilizada para reconocimiento del compás de la música y es la primera en usarse cronológicamente. Su uso ha servido para determinar algunos parámetros iniciales para el preprocesado de las muestras y para realizar una evaluación inicial de la capacidad de los modelos de Markov para detectar el ritmo y el estilo musical.

Nombre de la base de datos	Número de grabaciones	Duración total (seg)	Unidades distintas de reconocimiento	Muestras totales de las unidades de reconocimiento
ComCdReP	240	7.200	8	3.726
NoFMiAlM	500	15.000	22	84.080
NoVMiAlM	500	15.000	22	10.250
NoVMiReM	100	3.000	22	6.220
NoVMiReP	26	940	22	5.803

Tabla 4.2: Estadísticas sobre las muestras, duraciones y las unidades de reconocimiento de las bases de datos.

Se trata de una base de datos compuesta por 240 archivos en formato wav[9] monoaural, extraídos de *Compact Disc*. La duración de estas muestras es de 30 segundos, que han sido grabados a partir del primer minuto de todas las canciones para evitar las posibles variaciones transitorias de la melodía que suelen producirse al principio de cada canción. La adquisición de la música se ha realizado utilizando una frecuencia de muestreo de 16 KHz en monoaural y filtradas posteriormente con un filtro paso-baja a 8 KHz. La codificación se ha realizado utilizando 16 bits.

Las grabaciones pertenecen a ocho estilos musicales distintos: rumba, tango, vals, mambo, bolero, chachachá, samba, y sardana. Cada uno de estos estilos musicales tiene la peculiaridad de estar compuesto por el mismo tipo de compases [De Pedro 1992]. Los compases son 3/4 en el vals y el bolero, 2/4 en el caso del tango y la sardana, y 4/4 para el resto de los estilos. La Tabla 4.3 muestra el tipo de compás que se emplea en cada uno de los estilos musicales, así como las duraciones medias del compás característico de cada estilo en las muestras de la base de datos.

La elección de ocho estilos musicales con tres compases diferentes obedece a que, además de identificar el ritmo musical, también se quiere comprobar el poder de los HMM en el reconocimiento de estilos musicales.

El Apéndice A recoge el listado completo de las canciones utilizadas para extraer las muestras.

---

[8] El formato wav es un subconjunto de las especificaciones RIFF (*Resource Interchange File Format*) de Microsoft para el almacenamiento de ficheros multimedia. Este tipo de archivos almacena el conjunto de valores de una señal analógica estéreo o monoaural, digitalizada mediante la técnica PCM (Pulse Code Modulation), muestreada con frecuencias típicas de 8, 11, 16, 22 o 42 kHz, cuantizadas linealmente y codificadas con 8 o 16 bits.

Estilo	Vals	Mambo	Rumba	Tango	Bolero	Chachachá	Samba	Sardana
Compás	3/4	4/4	4/4	2/4	3/4	4/4	4/4	2/4
Duración media del compás	1,1s	2,4s	2,3s	2,2s	2,5s	2,0s	2,1s	1,1s

Tabla 4.3: Compases de cada estilo musical y sus duraciones medias en la base de datos ComCDReP.

Para poder utilizar los HMM en la detección continua de compases, es necesario extraer de las muestras un número exacto de compases antes de proceder a la extracción de parámetros. Para realizar esta extracción basta con señalar el principio y el fin de la serie de compases y saber el número exacto de compases extraídos para poder realizar el entrenamiento de los modelos de compás. Obviamente, se necesitan conocimientos básicos de música para realizar esta extracción y etiquetado, en el cual, por cada archivo de muestra es necesario crear uno con el formato de etiquetas de HTK, donde se indica la serie de compases exactos que contiene su correspondiente muestra.

En la Figura 4.1. se aprecia que la frecuencia de aparición de los compases de los diferentes estilos tienen un valor medio de 350, excepto la correspondiente a los boleros, los valses y las sardanas. En el caso del bolero, la frecuencia de aparición de su compás es algo inferior al valor medio, lo que explica el que sea el compás característico con mayor duración (Tabla 4.3). Por otra parte, los compases de las sardanas y de los valses destacan por su alta frecuencia de aparición, lo que explica su inferior duración media respecto al resto de los compases de las muestras.

4.3.2 La base de datos NoFMiAlM

Esta base de datos se ha utilizado para determinar los parámetros del preprocesado de la señal musical orientada a la detección de las notas musicales y haciéndola independiente del instrumento que produce la melodía. Esta base de datos junto con la siguiente NoVMiAlM, son las únicas que están realizadas en formato MIDI con notas aleatorias. Esto se ha hecho así porque estas dos bases han sido utilizadas para determinar la parametrización y la arquitectura de los HMM apropiados para la detección de notas musicales. Para ello es necesario no introducir condicionantes sobre el conjunto de parámetros o los HMM provenientes de la sucesión de notas de la música real, es decir, del modelado gramatical. Ello se debe a que en cada estilo musical existen transiciones de notas más probables que otras; que en las etapas de entrenamiento afectarían a los

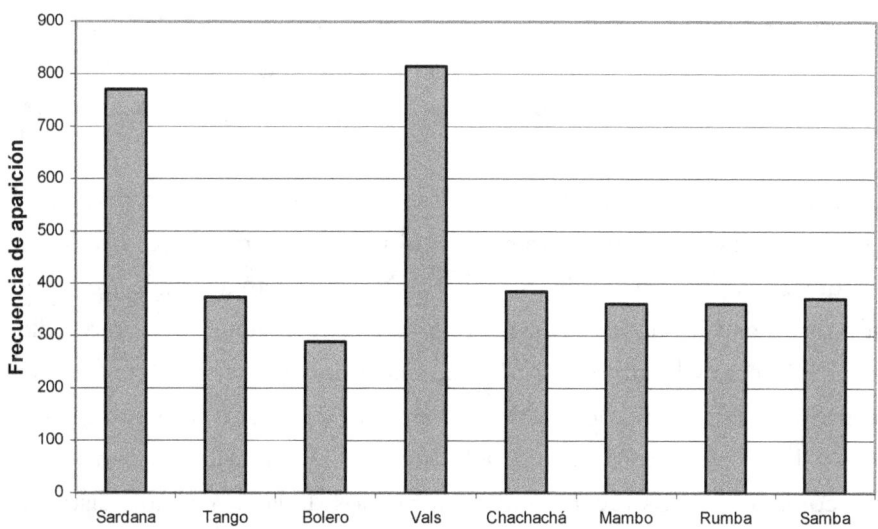

Figura 4.1: Frecuencias de aparición de los compases característicos de cada estilo musical en la base de datos ComCDReP.

modelos creados. El conjunto de parámetros obtenidos y los HMM entrenados en una situación general en las que no hay ninguna condición para la sucesión de notas musicales proveerán de mayor generalidad al preprocesado de la señal y mayor robustez al sistema final.

Por otra parte, se ha escogido el formato MIDI como origen por la posibilidad que ofrece de generar secuencias de notas y su etiquetado de forma automática de las muestras. Al mismo tiempo, posibilita un entorno de entrenamiento y evaluación más controlado que permite ir aumentando progresivamente las capacidades del sistema.

La base de datos consta de 100 ficheros MIDI de 30 segundos de notas aleatorias y silencios de la misma duración. Las notas que componen los archivos se han generado con tres probabilidades distintas, con la finalidad de poder conocer en la fase de reconocimiento si se estaban utilizando suficientes muestras de las mismas para el entrenamiento de los modelos. El proceso de generación de los archivos MIDI de notas aleatorias se explica detalladamente en el Apéndice B.

Las figuras de las notas son semicorcheas con un tiempo estándar de 180 ms y pertenecen a las escalas con índice Franco-Belga 1, 2 y 3, es decir, atendiendo a sus frecuencias fundamentales, desde 132 a 1.056 Hz. No se ha incluido en los ficheros MIDI la posibilidad de alterar las notas (bemoles y sostenidos). Por tanto, la cantidad de unidades de reconocimiento distintas que aparecen en la base de datos asciende a 22, incluyendo el silencio. Posteriormente los ficheros MIDI han sido interpretados por cinco de los instrumentos que se reseñaron en el Apartado 2.5: piano, guitarra, clarinete, órgano y vibráfono; generándose así los 500 ficheros en formato wav monoaural que conforman la base de datos.

En la Figura 4.2 pueden observarse las distintas frecuencias de aparición de los símbolos en la base de datos, que parecen distribuidas en torno a tres niveles. Este hecho se debe a la que en la producción de los ficheros MIDI se han asignado tres probabilidades de aparición distintas a las notas: la mayor (10%) para el silencio, una intermedia (5%) para la mayoría de las notas y la inferior (2,5%) para las notas Do y Fa de las tres octavas junto con la nota Si de la tercera octava. Se ha optado por esta configuración para poder determinar en la fase de construcción del sistema si los modelos están suficientemente entrenados, comparando los reconocimientos medios de las notas con distinta frecuencia de aparición.

El etiquetado de las grabaciones de esta base de datos se ha realizado a partir de los archivos MIDI generados, con los cuales es posible conocer las notas, el instante de comienzo y la duración de cada una de ellas; datos necesarios para producir los ficheros de etiquetas en formato HTK. El proceso de etiquetado se encuentra descrito detalladamente en el Apéndice B, dedicado a los aspectos computacionales del trabajo.

4.3.3 La base de datos NoVMiAlM

Con la base en cuestión NoVMiAlM se han obtenido las características de los HMM para modelar la componente temporal de las notas, es decir, para que éstas puedan ser reconocidas independientemente de su duración o figura. Por esta razón, esta base de datos difiere únicamente respecto a la anterior en la variabilidad de la duración de las notas.

Al igual que la base NoFMiAlM, ésta consta de 100 ficheros MIDI de 30 segundos de notas aleatorias y silencios, pero de duración variable. Las figuras de las notas son semicorcheas, corcheas, negras, blancas y redondas con un tiempo estándar que oscila entre los 180 ms de la semicorchea y los 2.880 ms de la redonda. Igualmente, en este caso las notas pertenecen a las escalas con índice Franco-Belga 1, 2 y 3. La cantidad de unidades de reconocimiento distintas que aparecen en la base de datos asciende a 22, incluyendo el silencio y teniendo en cuenta que no se han incluido las alteraciones de las notas. Una exposición del proceso de generación de los archivos MIDI de notas aleatorias con figuras

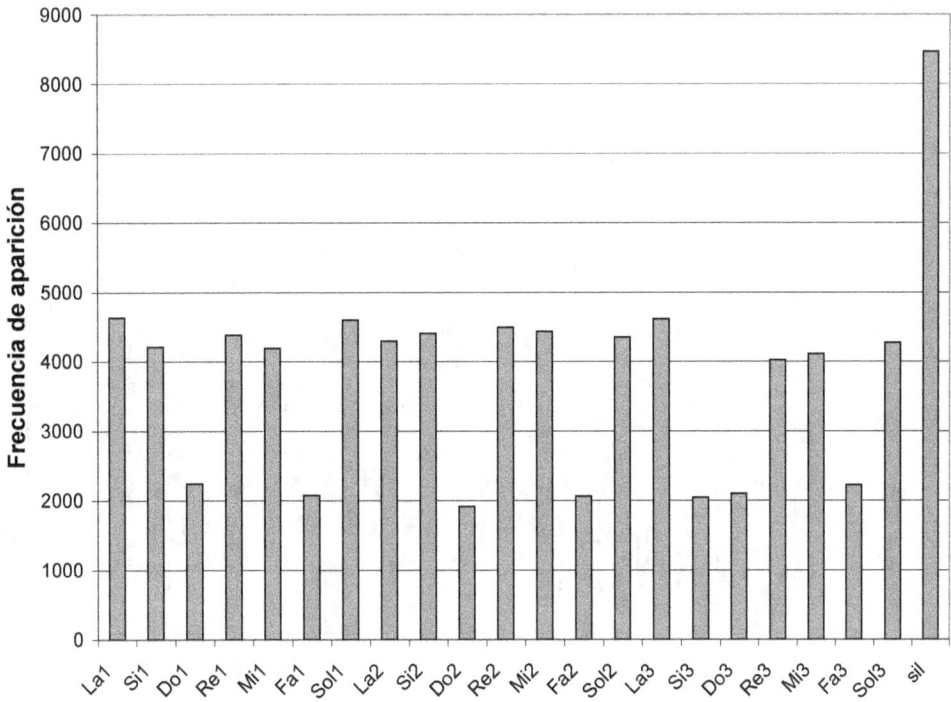

Figura 4.2: Frecuencias de aparición de notas y silencios en la base de datos NoFMiAlM.

aleatorias se detalla en el Apéndice B. De forma análoga al caso anterior, posteriormente los ficheros MIDI fueron interpretados por los cinco instrumentos seleccionados en el presente estudio, con los que se grabaron los 500 ficheros en formato wav monoaural que conforman esta base de datos. En la Figura 4.3 pueden observarse las frecuencias de aparición de los símbolos en la base de datos. En ella se observan los tres niveles de probabilidad distintos aplicados a la aparición de las notas, que han sido realizados de igual modo y con idéntico objetivo que en la base NoFMiAlM.

En cuanto a la distribución de duraciones de las notas se ha optado por dar más probabilidad de aparición a las figuras blanca y redonda, frente a las demás, y menos a la semicorchea. El motivo es que esta base de datos se utiliza en el entrenamiento de los modelos posteriormente a la base NoFMiAlM, compuesta únicamente por semicorcheas, por lo cual se ha decidido dar más peso a las notas de mayor duración. La Figura 4.4 representa la frecuencia de aparición de las figuras de las notas. En cada columna de la gráfica se representa el número de notas con la misma figura, incluyendo las que tienen punto, es decir, con una duración de 1,5 veces la figura. El etiquetado de esta base de datos

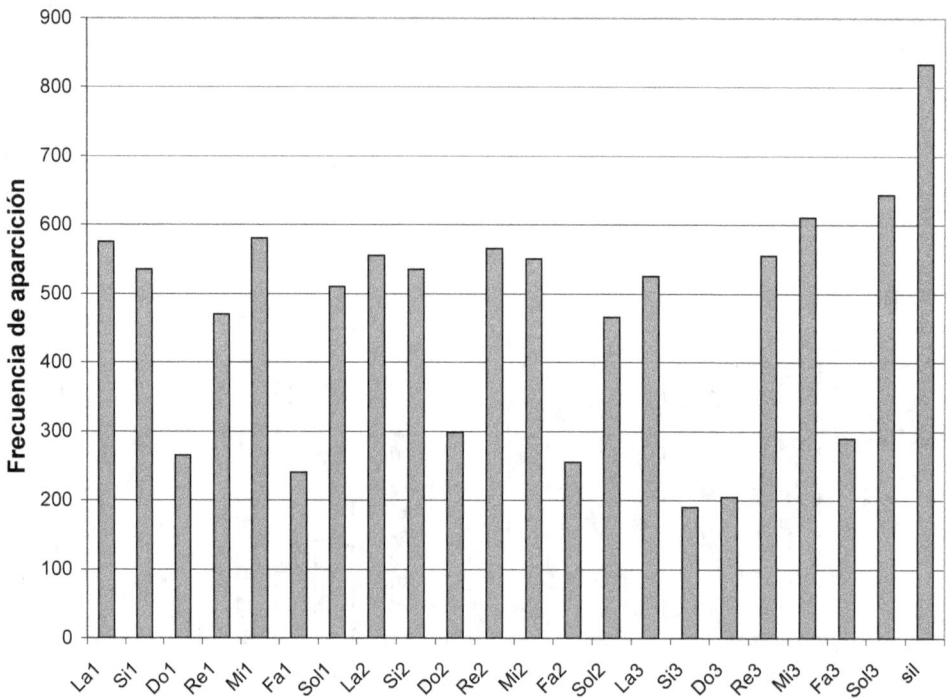

Figura 4.3: Frecuencias de aparición de notas y silencios en la base de datos NoVMiAlM.

se ha realizado del mismo modo que la anterior, a partir de la información contenida en los archivos MIDI generados.

4.3.4 La base de datos NoVMiReM

La validación del sistema de reconocimiento de notas musicales debe realizarse sobre música real. Para este propósito se ha confeccionado la base de datos NoVMiReM, que está compuesta por 10 archivos MIDI monofónicos de varios autores clásicos como Bach, Mozart, Dvorak, Beethoven, Brahms, Debussy y Holst. El Apéndice A recoge el listado completo de las composiciones utilizadas para extraer las muestras. A estos archivos MIDI se les ha realizado un tratamiento para que puedan ser utilizados en la fase de reconocimiento. Las operaciones realizadas son:

1. Se ha extraído la secuencia de notas que corresponde a uno de los instrumentos, teniendo en cuenta que no pueden aparecer acordes, que las notas deben

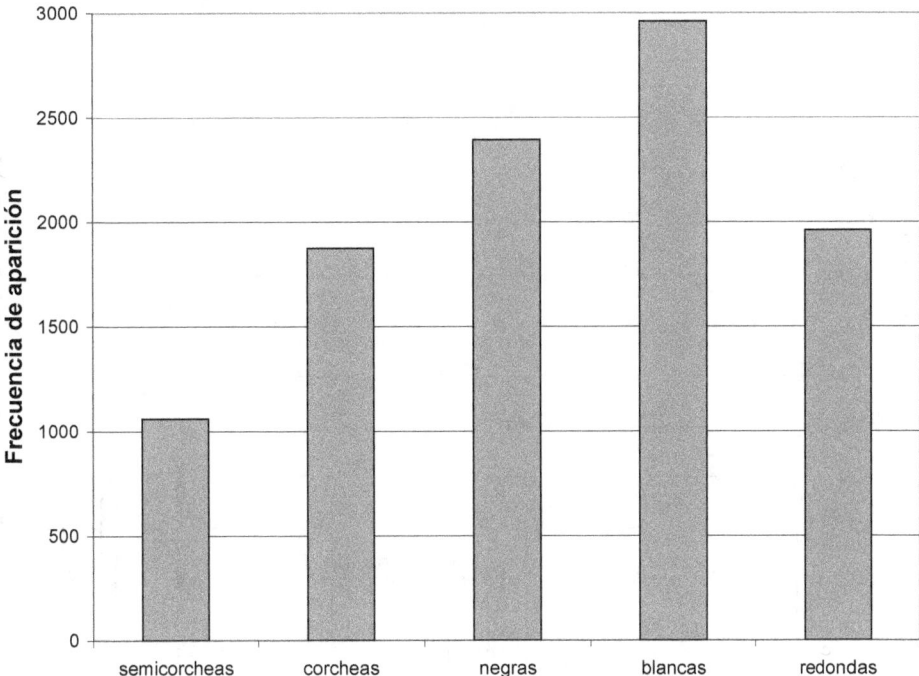

Figura 4.4: Frecuencias de aparición de las figuras de nota en la base de datos NoVMiAlM.

pertenecer a las octavas 1, 2 y 3, y que deben ser de figuras iguales o superiores a semicorcheas.

2. En las grabaciones en las que existe alguna nota de otra octava, se ha convertido en la misma nota pero perteneciente a la octava más próxima de las contempladas.

3. Las alteraciones de las notas, bemoles y sostenidos, se han modificado convirtiéndose a la correspondiente nota sin alterar.

4. Se han grabado 30 segundos en archivos wav con los instrumentos utilizados anteriormente en las bases NoFMiAlM y NoVMiAlM, y otros cinco nuevos: xilófono, guitarra eléctrica, flauta, violín y trompeta. Al principio de cada grabación se han eliminado los silencios iniciales, para que los ficheros de muestras contengan el máximo número de notas posible.

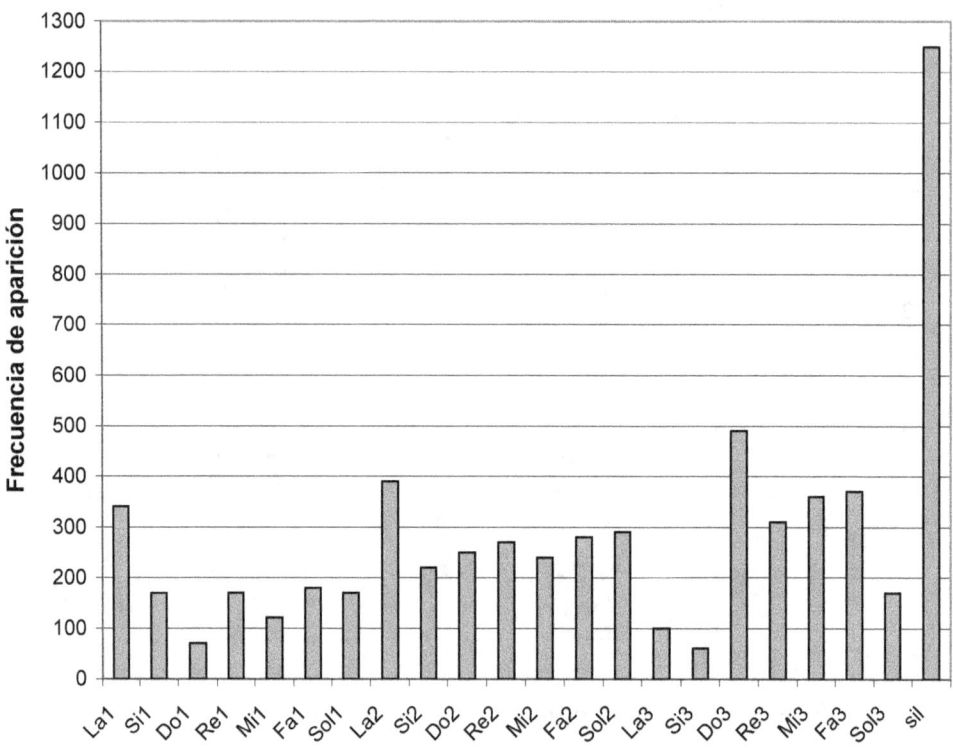

Figura 4.5: Frecuencias de aparición de notas y silencios de la base de datos NoVMiReM.

El Apéndice B dispone de un apartado en el que se explica de modo más detallado el proceso de la grabación de los archivos MIDI en formato wav.

La base de datos está compuesta por 100 grabaciones en formato wav que corresponden a 10 piezas distintas interpretadas por 10 instrumentos. Se ha dividido en dos particiones de 50 muestras cada una, dependiendo de los instrumentos utilizados. A la primera partición pertenecen las muestras de los instrumentos comunes a las bases NoFMiAlM y NoVMiAlM: piano, vibráfono, órgano, guitarra y clarinete. La segunda está compuesta por las pertenecientes a los nuevos instrumentos: xilófono, guitarra eléctrica, flauta, violín y trompeta. La creación de esta segunda partición con instrumentos nuevos se debe a la necesidad de comprobar la independencia de los modelos de notas respecto de los instrumentos que las producen.

La Figura 4.5 representa la frecuencia de aparición de las notas en las muestras de la base de datos. En ella puede apreciarse una mayor variación en el número de veces que

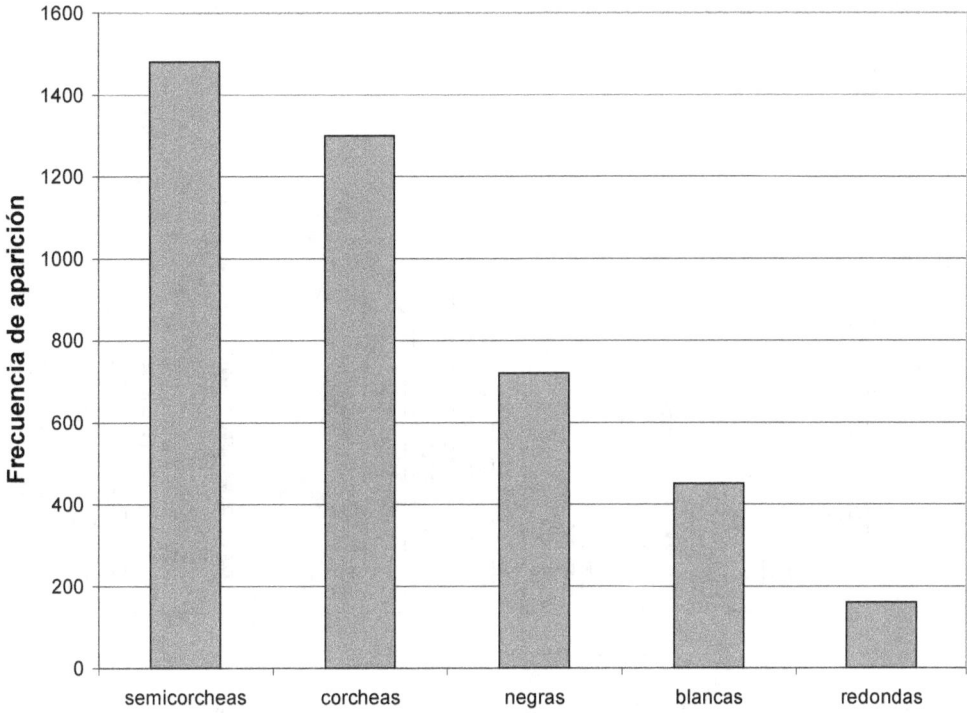

Figura 4.6: Frecuencias de aparición de las figuras de nota en la base de datos NoVMiReM.

aparecen las notas, sobre todo si se comparan con las bases de datos anteriores. Hay que destacar también la gran cantidad de silencios que aparecen en las muestras.

La Figura 4.6 muestra la estadística de las duraciones de las notas, en la que puede apreciarse la mayor cantidad de las figuras que representan menor duración: semicorcheas y corcheas.

El etiquetado de esta base de datos se ha realizado del mismo modo que las anteriores, partiendo de los archivos MIDI originales.

4.3.5 La base de datos NoVMiReP

Esta es la base de datos sobre la cual se ha probado la capacidad del sistema para extraer melodías y reconocer instrumentos en polifonía. Esta base se ha construido utilizando los mismos archivos MIDI utilizados en la anterior. La única diferencia radica en que, en vez de extraerse de cada archivo MIDI la melodía de un único instrumento, lo han sido las pertenecientes a dos, tres o cuatro instrumentos a la vez. Se han utilizado para realizar las muestras los siguientes instrumentos: piano, vibráfono, órgano, guitarra y clarinete. De este

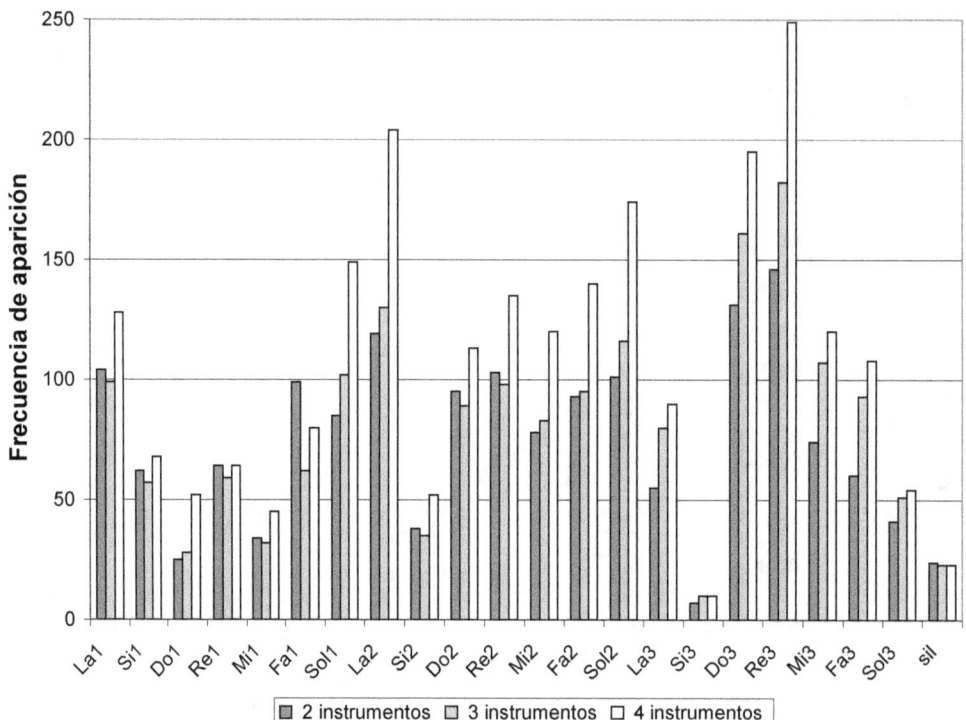

Figura 4.7: Frecuencias de aparición de notas y silencios de las distintas particiones de la base de datos NoVMiReP.

modo, se han obtenido 26 grabaciones de 40 segundos en formato wav divididas en 3 particiones disjuntas. La primera posee 10 muestras que pertenecen a las grabaciones realizadas con dos instrumentos. La segunda está compuesta por los 8 ficheros wav en los que se usaron tres instrumentos. Finalmente, las 8 restantes, interpretadas por cuatro instrumentos, pertenecen a la tercera partición.

El proceso de selección de los canales (secuencias de notas simultáneas) se ha realizado siguiendo las mismas directrices que en la base de datos NoVMiReM, y el proceso de acondicionamiento de los archivos MIDI y su grabación están descritos en el Apéndice B. La disminución de la cantidad de archivos al aumentar el número de instrumentos se debe a la falta de canales con notas en las condiciones adecuadas para el sistema. Por esta razón se ha ampliado el tiempo de las grabaciones a 40 segundos, en vez de 30 segundos, como las muestras de las bases anteriores. Las frecuencias de aparición de las notas para cada partición pueden apreciarse en la Figura 4.7.

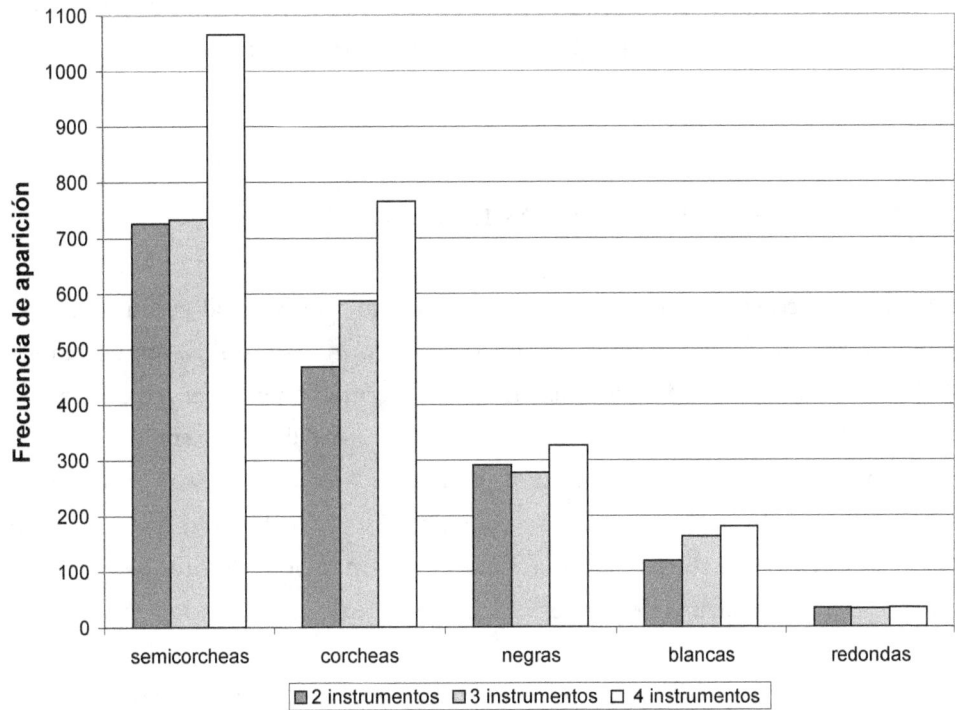

Figura 4.8: Frecuencias de aparición de las figuras de nota en la base de datos NoVMiReP, clasificadas por particiones.

La Figura 4.8 muestra las frecuencias de aparición de las figuras de nota presentes en la base de datos NoVMiReP, diferenciadas por el número de instrumentos de las grabaciones.

Al tratarse de música polifónica, el etiquetado de las muestras se ha realizado ordenando las notas por orden de aparición sin distinguir el instrumento que las interpreta. Esta forma de etiquetado se justifica por dos motivos:

- La herramienta HTK sólo es capaz de manejar etiquetados secuenciales de un canal o monofónicos.

- Los sistemas aplicados a la música polifónica sólo tratan de extraer una melodía monofónica o identificar los instrumentos que interviene en la pieza, y no de determinar las melodías interpretadas por cada uno de los instrumentos.

Por tanto, si varias notas musicales suenan a la vez, el sistema sólo activará el modelo de la nota "dominante", es decir, sólo propondrá un único modelo, el correspondiente a la nota más probable.

4.4   Procesado de las señales musicales

Los sistemas de reconocimiento asumen generalmente que la señal es una realización de algún mensaje codificado como una secuencia de uno o más símbolos. Sin embargo, según se expuso en el Apartado 3.2, los sistemas de reconocimiento de patrones necesitan disponer de la señal del modo adecuado para realizar el entrenamiento o el reconocimiento. Esto implica la realización de una serie de operaciones sobre la señal, en las que se incluye la captación de la señal por un micrófono si es música real, su almacenamiento digital en forma de onda, y la extracción de los vectores de parámetros. Estos procesos pueden agruparse en tres fases, que se realizan de modo secuencial:

1) Adquisición de datos: Consiste en el muestreo, cuantización y codificación de las señales musicales procedentes de un micrófono en el caso de música real, o de las procedentes de un generador de ondas en el caso de ficheros MIDI. En esta fase se incluye el acondicionamiento de la señal (filtrado de ruido, mejora de contraste, etc.) si es necesario realizarlo.

2) Segmentación o enventanado: Se agrupan un número determinado de muestras para formar una ventana. Se aplica una cierta cantidad de muestras comunes entre ventanas consecutivas definiendo el solapamiento de las ventanas. Esto permite que las características de la señal musical dentro de una ventana se pueda asumir estacionaria.

3) Parametrización: Se extraen de cada ventana los parámetros que caracterizan los aspectos deseados de la señal.

A continuación se desarrollan los aspectos más importantes de cada fase del preprocesado.

4.4.1 Adquisición

Las señales acústicas se transmiten mediante ondas de presión, que deben ser convertidas a señales eléctricas para que puedan ser procesadas. Esta es la tarea de los micrófonos que, junto con un amplificador, permiten dicha transformación. En este trabajo se ha utilizado como origen la señal eléctrica producida por un generador de ondas en la reproducción de archivos MIDI o por un conversor D/A (digital/analógico) en el caso del soporte en CD. No obstante, en ambos casos la señal es de tipo analógico (en el tiempo y en amplitud) y debe ser representada mediante una secuencia de números *x(n)* para que pueda ser tratada por un ordenador. Esta transformación se conoce con el nombre de conversión analógico-digital (A/D).

A partir de una señal analógica $x_a(t)$, su conversión A/D consta de tres procesos diferentes [Rabiner 1978]:

1) **Muestreo:** Consiste en la extracción de la amplitud de la señal en intervalos de tiempo regulares, definidos por el periodo de muestreo T. De esta forma la señal analógica $x_a(t)$ se convierte en una sucesión discreta de valores de la amplitud.

$$x_a(t) \xrightarrow{\text{muestreo}} x_a(nT) = x_M(n) \tag{4.1}$$

Para no perder la información importante disponible en la señal musical, se debe elegir una frecuencia de muestreo apropiada. La elección debe verificar el Teorema de Nyquist [Rabiner 1978], que indica que la frecuencia de muestreo $F_M=1/T$ debe ser al menos el doble de la mayor frecuencia que se quiera preservar de la señal.

$$F_M \geq 2 \cdot f_{max} \tag{4.2}$$

De la expresión anterior se deduce que para señales musicales es aconsejable utilizar una frecuencia de muestreo de, al menos, 10 KHz, pues como se expuso en el segundo capítulo, la nota más alta que el ser humano es capaz de distinguir se sitúa en torno a los 4750 Hz. En este trabajo se han usado frecuencias de muestreo de 16 KHz para las grabaciones de la base de datos ComCdReP, y de 22 KHz para las restantes, con el fin de obtener de la señal no sólo las frecuencias fundamentales de las notas, sino una buena parte de los armónicos superiores producidos por los instrumentos.

2) **Cuantización:** La cuantización es el proceso que convierte en valores discretos las muestras obtenidas durante la fase de muestreo. Todas las bases de datos utilizadas se han cuantizado de manera uniforme, lo que significa que el rango de amplitudes de la señal se ha divido en intervalos de igual tamaño, de forma que a todos los valores muestreados que caigan dentro del rango de un intervalo se les asigna el mismo valor.

3) **Codificación:** Los valores que representan cada intervalo del proceso de cuantización deben ser representados con un número binario para poder ser utilizados por un ordenador. A este proceso se le denomina codificación. Los valores de las muestras se han codificado en todas las bases de datos usando codificación PCM[10] de 16 bits, que es un valor de compromiso entre la fiabilidad de la representación de la señal y la cantidad de memoria y el tiempo empleados por el ordenador en el procesamiento.

4.4.2 Segmentación o enventanado

La segmentación consiste en agrupar en una ventana o segmento un número predefinido de muestras consecutivas. Usualmente, se hace que las ventanas contiguas se solapen en el tiempo, compartiendo así una cierta cantidad de muestras. Esto permite suponer que dentro de una trama las características de la señal musical son estacionarias.

Usualmente, antes de proceder a la segmentación se suele someter a las muestras de la señal a un proceso llamado de *preénfasis*, que consiste en realizar una modificación de las mismas del siguiente modo [Shaughnessy 1987]:

$$x'(n) = x(n) - \alpha \cdot x(n-1) \tag{4.3}$$

Este proceso es similar a realizar un filtrado para compensar la caída del espectro a altas frecuencias. Se ha utilizado un valor estándar de 0,97 para α en el preprocesado de las muestras.

---

[10] La codificación PCM ("Pulse Code Modulation") o Modulación por Código de Pulsos es una técnica que consiste en representar cada cuanto de la sañal muestreada mediante una secuencia de N bits. Es la técnica de codifocación más ampliamente utilizada.

La segmentación se obtiene multiplicando la señal *x(n)* por la ventana *v(n)*, que pondera las muestras de dicho segmento. La ventana utilizada es la llamada *ventana de Hamming* [Rabiner 1978], cuya expresión es la siguiente:

$$v(n) = \begin{cases} 0,54 - 0,46 \cdot \cos\left(\dfrac{2\pi n}{N-1}\right) & 0 \le n \le N-1 \\ 0 & \text{en otro caso} \end{cases} \tag{4.4}$$

donde N indica el número de muestras que pertenecen al mismo segmento.

Usualmente, se suelen utilizar en la práctica ventanas con un desplazamiento igual a la mitad del ancho de éstas.

$$\Delta\omega = \frac{\Delta v}{2} \tag{4.5}$$

donde $\Delta\omega$ es el desplazamiento y Δv el ancho de las ventanas.

Una de las tareas realizadas en el presente trabajo ha sido la determinación del tamaño y del solapamiento más apropiados de las ventanas, en el caso de señales musicales.

4.4.3 Parametrización

Existe una amplia variedad de parámetros que pueden utilizarse para tratar de "capturar" las características más sobresalientes de la señal: el pitch, los coeficientes de la FFT de la señal, los coeficientes cepstrum, los coeficientes cepstrales en la escala Mel, la energía de la señal, etc. Todos ellos se han empleado, individualmente o en combinación con otros, en sistemas de reconocimiento de características musicales. En particular, el pitch ha sido muy utilizado en aplicaciones de detección de melodías por su propiedad de caracterizar la frecuencia fundamental de la señal. Sin embargo, si se pretende desarrollar un sistema versátil, que permita el reconocimiento de una amplia variedad de características musicales, se precisará de una parametrización lo más general posible que extraiga toda la información interesante de la señal. Por ello, los parámetros escogidos para representar la información de la señal son los coeficientes cepstrum en la escala Mel (MFCC) y la energía de la señal, que se han empleado con éxito en muy diversas aplicaciones musicales (Capítulo 1).

Coeficientes Cepstrum: Se definen como la transformada inversa del logaritmo del módulo de la transformada de la señal. Suponiendo que se dispone de los datos de la señal *s(n)* resultantes del proceso de segmentación, el primer paso consiste en calcular los coeficientes de la transformada discreta de Fourier o DFT (*Discrete Fourier Transform*), a partir de la expresión:

$$h(n) = \sum_{k=0}^{N-1} s(k) \cdot e^{-j\frac{2\pi n}{N}k}$$ (4. 6)

donde *h(n)* es el coeficiente *n* de la transformada de la señal *s(k)*, que ha sido calculado utilizando una ventana con N muestras de longitud.

A partir de *h(n)*, pueden calcularse los coeficientes cepstrales realizando la transformada discreta inversa de Fourier o IDFT (*Inverse Discrete Fourier Transform*), empleando la siguiente expresión:

$$c(n) = \frac{1}{N} \sum_{k=0}^{N-1} \log | h(k) | \cdot e^{j\frac{2\pi n}{N}k}$$ (4. 7)

donde *c(n)* es el enésimo coeficiente cepstrum, *h(k)* es el coeficiente *k* de la señal en el espacio de las frecuencias y N el número de muestras de una ventana.

Escala Mel: Es bien conocido que el oído humano presenta una escala perceptual logarítmica en frecuencias [Shaughnessy 1987]. Esta consideración motiva el que algunos sistemas de reconocimiento utilicen una transformación del eje de frecuencias para adecuarlo a la escala perceptual. La escala Mel es una aproximación a la escala perceptual humana. Viene dada por la siguiente expresión [Young 1999]:

$$Mel(f) = 2595 \cdot \log\left(1 + \frac{f}{700}\right)$$ (4. 8)

Mel-cepstrum: Los coeficientes cepstrum en la escala Mel (MFCC, del inglés *Mel-Frequency Cepstral Coeficients*) han mostrado, en reconocimiento de voz, unas buenas prestaciones respecto a otras técnicas de parametrización [Logan 2000]. Para el cálculo MFCC se utiliza normalmente un determinado número de filtros triangulares paso-banda con un gran solapamiento. Estos filtros están equiespaciados en la escala Mel de frecuencias. La idea que da origen a esta familia de parámetros es la obtención de vectores

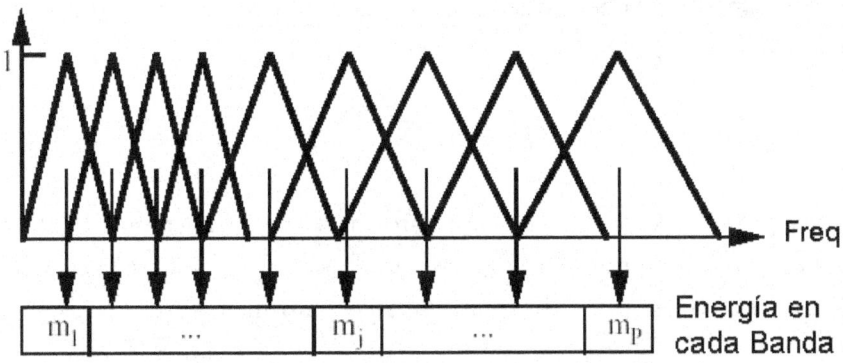

Figura 4.9: Banco de filtros de la escala Mel [Young 1999].

de coeficientes cepstrum en los cuales el espaciamiento en frecuencia no es lineal, sino que se distribuye en la escala perceptual Mel.

Para calcular los parámetros Mel-cepstrum se construye un banco de filtros triangulares equiespaciados en la escala Mel que es aplicado a la señal de entrada. La forma de los filtros se muestra en la Figura 4.9.

Se puede considerar que la salida de cada filtro representa la energía de la señal dentro de la banda de paso de dicho filtro. El cálculo de los parámetros MFCC se realiza de modo similar al de los coeficientes cepstrum, excepto que después del cálculo de la transformada discreta de Fourier se aplica el banco de filtros Mel. Los coeficientes MFCC c_i se calculan del siguiente modo

$$c_i = \sqrt{\frac{2}{P}} \sum_{j=1}^{P} m_j \cdot \cos\left(\frac{\pi i}{P}(j - 0.5)\right) \qquad (4.9)$$

donde P es el número de filtros aplicados a la señal y m_j es el parámetro resultante del filtrado Mel en la banda j.

Los parámetros MFCC presentan la ventaja de la naturaleza aproximadamente ortogonal de los coeficientes obtenidos [Logan 2001], lo que permite trabajar con matrices de covarianza diagonales. Otra ventaja importante es el hecho de que en el dominio cepstral, la influencia del canal de transmisión se convierte en una componente aditiva, con lo que es posible reducir esta influencia de forma sencilla.

Energía: En cada segmento se puede extraer su energía localizada y añadirla al vector de características. La energía de una señal se define como la suma de los valores cuadráticos de la misma. En el caso de la herramienta HTK [Young 1999], se calcula el logaritmo de la energía, que en un segmento de N muestras tiene la siguiente expresión

$$E_N = \log \sum_{n=1}^{N} x^2(n)$$ (4. 10)

La energía de las ventanas contiene información en sus valores relativos entre las demás ventanas, por lo que normalmente se utiliza normalizada: en la secuencia de tramas a reconocer se busca cuál es el valor máximo y se normalizan todos los valores de la energía por éste.

Coeficientes dinámicos: La inclusión de parámetros dinámicos ha mostrado mejoras en las prestaciones globales de reconocimiento en los sistemas con voz [Furui 1986].

En la definición de un HMM, expuesta en el Apartado 3.3, se asume que las probabilidades de producción $b_i(o)$ de los observables de un estado e_i dependen sólo del estado y del observable o al que se refiere, no existiendo dependencia con los demás observables del mismo estado. Sin embargo, la realidad es que la señal evoluciona en el tiempo, por lo que existe una correlación entre segmentos cercanos entre sí. Para que los HMM dispongan de información acerca de la evolución de la señal, se pueden incorporar coeficientes dinámicos en el vector de características [Furui, 1986]. Estos coeficientes capturan parte de la correlación existente entre los vectores. En el presente trabajo se han utilizado los denominados parámetros delta y aceleración. Estos coeficientes dinámicos se calculan a partir de la expresión

$$\delta_m(t) = \frac{\sum_{k=1}^{D} k(c_m(t+k) - c_m(t-k))}{2\sum_{k=1}^{D} k^2}$$ (4. 11)

donde D es el número de segmentos sobre los que se calculan los coeficientes dinámicos y c_m es el parámetro sobre el cual se está calculando su coeficiente de primer orden.

El uso de coeficientes diferenciales se puede extender una etapa más a parámetros aceleración y se pueden calcular también como simples diferencias o a partir de una regresión lineal.

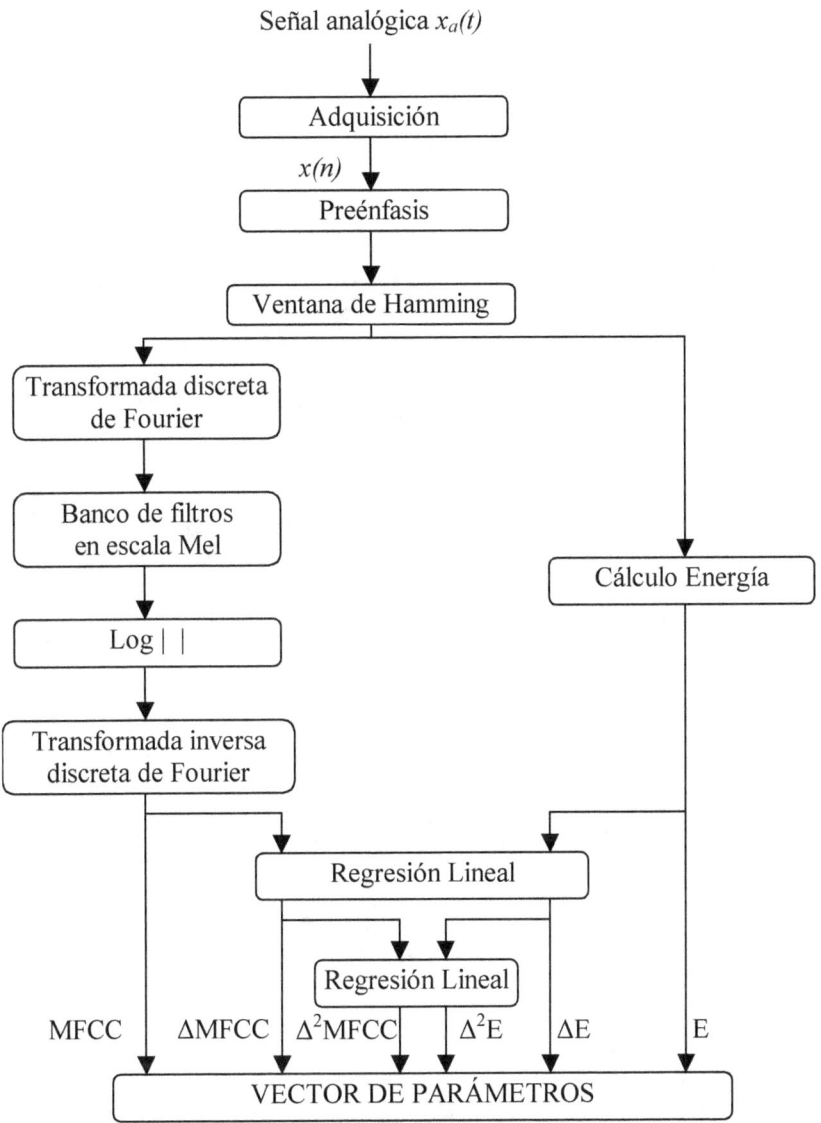

Figura 4.10: Esquema del procesado realizado a las señales musicales.

La Figura 4.10 muestra un esquema completo de todos los procesos que se realizan sobre las señales musicales desde la etapa de adquisición hasta la conformación de los vectores de parámetros de la señal.

CAPITULO 5

DETERMINACIÓN DE PARÁMETROS Y CONFIGURACIÓN DEL SISTEMA

5.1   Introducción

Una vez explicados los fundamentos musicales y los relativos a sistemas de reconocimiento basados en HMM y a la parametrización de señales musicales, el presente capítulo se centra en la exposición detallada de la secuencia de experimentos llevados a cabo para desarrollar sistemas de reconocimiento de características musicales basado en modelos ocultos de Markov. La construcción de los mismos implica determinar varios aspectos relativos a la parametrización y respecto a los propios HMM. Detalladamente, las cuestiones que se han de resolver son las siguientes:

1) Respecto a la parametrización
   - El tamaño y desplazamiento de las ventanas.
   - El filtrado de la señal.
   - La utilización de escalas perceptuales como la Mel o la musical.
   - Los coeficientes idóneos: cepstrum, energía, velocidad, etc.
   - El número de coeficientes de cada tipo.

2) Respecto al modelado de los HMM

- La topología de los modelos, es decir, sus estados y transiciones permitidas.

- El modo de entrenamiento.

- La gramática a emplear.

- El modelado acústico, que depende del modo en el que la unidad de reconocimiento es emitida: aislada o continuamente.

Debido a la gran cantidad de variables involucradas en el problema se necesita dividirlo en una secuencia de experimentos, a través de los cuales poder ir alcanzando distintos hitos en la consecución de los objetivos. De este modo, a partir de los resultados obtenidos en experimentos anteriores se puede avanzar en la consecución de objetivos en los siguientes. Hay que resaltar que no todos los resultados van a poder ser aplicados de un sistema a otro, pues compases y notas son dos características musicales distintas, por lo que, debido a sus atributos diferenciales como la duración media, se intuye a priori que la segmentación puede ser distinta en ambos casos.

La metodología seguida se basa en la propuesta de un sistema de reconocimiento basado en HMM, sobre el cual se realizan una serie de experimentos, para poder obtener resultados acerca de la parametrización o los modelos que se van a evaluar. De este modo, el sistema se va mejorando en base a modificaciones sucesivas procedentes de las conclusiones de experimentos anteriores. Para ello, antes de cada experimento se necesitan definir los cinco componentes básicos de la configuración del sistema que se utiliza:

1. **Extracción de parámetros:** Para que las muestras de las bases de datos puedan ser procesadas por el sistema, se necesita realizar la segmentación de la señal muestreada, para posteriormente calcular vectores de parámetros característicos (Apartado 4.4). Por tanto, en primer lugar, es necesario definir cómo se realizará el enventanado (tamaño y solapamiento entre ventanas) y qué tipos de coeficientes y cuántos formarán parte de cada vector de parámetros característicos.

2. **Etiquetado:** Para que el sistema pueda primero entrenar los modelos y posteriormente evaluarlos, es necesario indicarle a qué unidad de reconocimiento (nota musical o compás) pertenece cada vector de parámetros. El etiquetado de las muestras tiene la misión de marcar principio y el fin de cada nota, o en el caso de los compases, el número de éstos en cada muestra musical.

3. **Gramática:** Contiene la información acerca de cuales son las secuencias permitidas de los compases o de las notas, según sea el caso. La gramática de cada sistema dependerá principalmente de las características musicales de las muestras y de la aplicación que se dé al sistema.

4. **Topología de los modelos:** Indica el número de estados y las transiciones posibles entre ellos.

5. **Entrenamiento:** Cada modelo debe ser entrenado sobre la nota o el compás que representa, de modo que posteriormente esté en condiciones de poder reconocer dicha nota o compás en otras muestras musicales. El entrenamiento se realiza en una secuencia con varias etapas, en las que se busca que los parámetros que forman los modelos converjan a óptimos globales.

Los primeros experimentos se centran en la evaluación de la parametrización y el modelado HMM sobre música real con la detección del ritmo. Una vez se obtenga un sistema de reconocimiento del ritmo, se utilizará como punto de partida para determinar parámetros y el modelado en el reconocimiento de las notas musicales. El motivo por el que se comienza por la detección del ritmo frente a la detección de notas es porque la detección del ritmo se realiza a través del reconocimiento de compases, que es una estructura de orden superior a las notas musicales, lo cual permite:

a) Estudiar la parametrización de la señal sobre música real, extrayendo resultados y conclusiones aplicables a otros ámbitos más restringidos, como por ejemplo, a la detección de notas musicales sobre archivos MIDI.

b) Determinar la topología y tipo de HMM que mejor se adaptan al reconocimiento de características musicales. El reconocimiento de compases permite utilizar, en función de la música, un número pequeño de modelos diferentes a entrenar, al mismo tiempo que se disponen de gran cantidad de unidades de reconocimiento en una misma muestra musical. De esta forma se asegura la validez de los modelos entrenados por la existencia de un amplio conjunto de unidades de reconocimiento. Por ejemplo, para la detección de tres compases distintos se necesitan solamente tres HMM, uno por cada tipo de compás, y se dispone de 10 a 30 unidades de reconocimiento en una muestra de 30 segundos de duración.

El presente capítulo expone la secuencia de experimentos que conducen a una parametrización sólida, a la vez que a unos sistemas basados en HMM para reconocimiento del ritmo y de las notas musicales. Por motivos de claridad en la exposición, el presente se va a dividir en dos bloques diferenciados: la sección I para los experimentos relacionados con el sistema de reconocimiento del ritmo y la sección II para los relacionados con la detección de las notas musicales.

SECCIÓN I:Reconocimiento del ritmo

I.1 Introducción

El punto de partida para los experimentos en la detección del ritmo se basa en los tres antecedentes más destacados respecto a la parametrización de señales musicales y al uso de modelos ocultos de Markov aplicados a la música. El primero de estos trabajos es el de Beth Logan [Logan 2000], que hace un estudio en el que determina que los coeficientes cepstrales son apropiados para discriminar entre música y voz y, finalmente, establece la necesidad de realizar un estudio más profundo acerca de la cantidad de coeficientes que se usan, el periodo de muestreo, el tamaño de las ventanas y la escala a utilizar para modelar eficientemente la música.

Por otra parte, atendiendo a la configuración de los HMM en cuanto a su arquitectura y modo de entrenamiento en tareas relacionadas con la música, existen dos trabajos previos ya comentados en el primer capítulo. El primero de ellos, de Soltau, Waibel y otros colegas [Soltau 1998], los utiliza para reconocer estilos musicales, pero con el propósito de compararlos con su sistema basado en redes neuronales, por lo cual el esfuerzo en determinar una parametrización adecuada y una configuración óptima para los HMM es nimio. El segundo, obra de Durey y Clements [Durey 2002], los utiliza para la indexación automática de música por la melodía. En él se hace un pequeño estudio para determinar qué tipo de parámetros ofrecen mejores resultados. Los parámetros que se utilizaron fueron los coeficientes de la FFT, los coeficientes resultantes del filtrado en la escala Mel y los MFCC, que resultaron ser los mejores. A pesar de ello, Durey no justificó suficientemente otros valores utilizados en la parametrización, tales como el tamaño de las ventanas o el número de coeficientes escogidos.

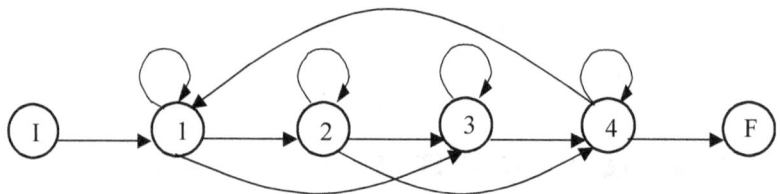

Figura 5.1: Arquitectura de los HMM utilizados por el sistema de Soltau.

I.2   Sistema de referencia para el reconocimiento del ritmo

Para contrastar la bondad de los resultados experimentales se requiere un sistema de referencia que sea capaz de detectar el ritmo musical. Para ello se utilizará uno de los propuestos por Soltau [Soltau 1998], que está basado en HMM. A partir de este punto, a éste se le denominará con el nombre del primer autor, es decir, sistema de Soltau.

En principio, el objetivo del sistema de Soltau se centraba en el reconocimiento del estilo musical, pero para que cumpla la función de sistema de referencia es necesario que el objetivo pase a ser el de detección del ritmo. Este cambio de objetivo puede parecer una arbitrariedad, pero aunque el artículo de Soltau y Waibel hace una comparativa de sistemas para identificar estilos musicales, en el mismo se reconoce explícitamente que la bondad de los resultados obtenidos por estos sistemas se fundamenta en que realizan un análisis de las estructuras temporales de los diversos estilos, que en definitiva son los ritmos característicos. Por tanto, se puede afirmar que no existe un cambio de aplicación del sistema presentado por Soltau, sino más bien un cambio conceptual de lo que se pretende reconocer.

Se ha escogido el sistema basado en HMM que mejores resultados ofrecía de entre los utilizados por los autores [Soltau 1998]. En él se utilizan modelos izquierda-derecha con una transición hacia atrás (Figura 5.1).

A continuación se describen las características más relevantes de dicho sistema y su aplicación al entorno experimental disponible.

I.2.1   Extracción de parámetros

Este sistema opera con piezas de música real de 30 segundos, muestreadas con una frecuencia de 16 KHz. Posteriormente, la señal se segmenta en ventanas de 50 ms desplazadas 40 ms entre sí. De cada ventana se toman los primeros 5 coeficientes cepstrales, que posteriormente son agrupados cada 10 ventanas, conformando así un vector de parámetros característicos compuesto por 50 coeficientes y que corresponde a 0,4 segundos de señal musical. Esta especie de "macroventanas" de análisis de la señal no se solapan entre sí. La Figura 5.2 muestra un esquema del enventanado y la agrupación posterior de coeficientes cepstrum en un vector de parámetros.

Dado que el artículo no describe más detalles acerca del preprocesado de la señal [Soltau 1998], por el modo en el que realiza la parametrización, (agrupando coeficientes cepstrum) se deduce que no utiliza ventanas de suavizado (por ejemplo de Hamming). Finalmente, se ha escogido un valor estándar de 0,97 para el coeficiente de preénfasis.

I.2.2 Etiquetado

El etiquetado que se utiliza en el sistema es muy sencillo, pues cada pieza de música lleva una única etiqueta que indica el tipo de música que representa. Puesto que el sistema se va a utilizar para reconocer el ritmo, las etiquetas expresarán el tipo de ritmo de la pieza. La base de datos que se ha creado para los experimentos sobre el ritmo y los estilos musicales es ComCdReP (descrita en el Capítulo 4). Por simplicidad, se usará inicialmente una partición de la misma que contiene las muestras de tangos, valses, rumbas, y mambos. Estos estilos musicales emplean 4 tipos diferentes de compases, que son respectivamente: 2/4, 3/4, y dos tipos de compases 4/4; lo que implica la existencia de 4 etiquetas distintas, una por cada tipo de compás. Para diferenciar los dos compases 4/4 iguales, al primero se le denominará 4/4R, que corresponde a las rumbas, y al segundo 4/4M, correspondiente a los mambos.

I.2.3 Gramática

Se identifica cada muestra de la base de datos con una unidad de reconocimiento. Por tanto, se está claramente en condiciones de reconocimiento de palabras aisladas o IWR, puesto que cada etiqueta corresponde a una pieza musical completa.

I.2.4 Topología de los HMM

Soltau propuso dos arquitecturas para HMM continuos (CHMM). La primera de ellas es un modelo de Markov ergódico de 4 estados. Éste es el que peores resultados obtiene en la fase de reconocimiento según Soltau. El segundo tipo de modelo tiene 4 estados, los cuales tienen dos transiciones hacia delante, exceptuando el tercero, y el último, con una transición hacia atrás al primer estado. Como se puede observar en la Figura 5.1 cada

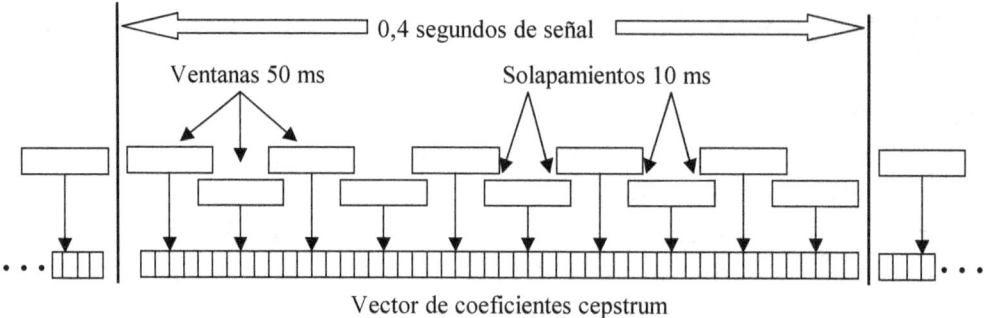

Figura 5.2: Confección de un vector de parámetros en el sistema de Soltau.

estado también posee una transición hacia sí mismo. Por ser ésta la topología más eficiente, es la que será utilizada en el sistema de referencia Soltau.

I.2.5 Entrenamiento

El entrenamiento de los modelos se realiza aisladamente, es decir, cada modelo por separado, de forma que todos ellos se inicializan empleando una gaussiana para la mezcla de las funciones de probabilidad. El entrenamiento se comienza realizando 5 iteraciones adelante-atrás. Posteriormente se va incrementando el número de gausianas de la mezcla de una en una hasta que finalmente los modelos están compuestos por una mezcla de tres gausianas por estado. Este incremento se realiza cada tres iteraciones adelante-atrás. De este modo, con el procedimiento de entrenamiento de Soltau, los modelos se estiman después de 14 iteraciones de entrenamiento.

La base de datos usada es ComCdReP, presentada en el Capítulo 4. Para mejorar la validez estadística de los resultados se ha utilizado el método de conjuntos disjuntos (*Leave one out*) de entrenamiento (80% de las muestras) y reconocimiento (20%), lo que supone para esta base de datos 5 conjuntos disjuntos de 24 muestras cada uno.

I.2.6 Resultados experimentales

Una vez entrenados los modelos, se procede a evaluar su capacidad para el reconocimiento, obteniéndose un 79,2% de reconocimiento medio, que coincide con el que proporcionan los autores para estos mismos modelos [Soltau 1998], aunque utilizando otra base de datos. La Tabla 5.1 muestra con detalle los valores de reconocimiento que

S/R	2/4	3/4	4/4R	4/4M
2/4	93,3%	3,3%	0%	3,3%
3/4	3.3%	80%	0%	16,7%
4/4R	0%	10%	76,7%	13,3%
4/4M	0%	16,6%	16,6%	66,6%
Media reconocimientos correctos				**79,2%**

Tabla 5.1: Matriz de confusión obtenida con el sistema de Soltau.

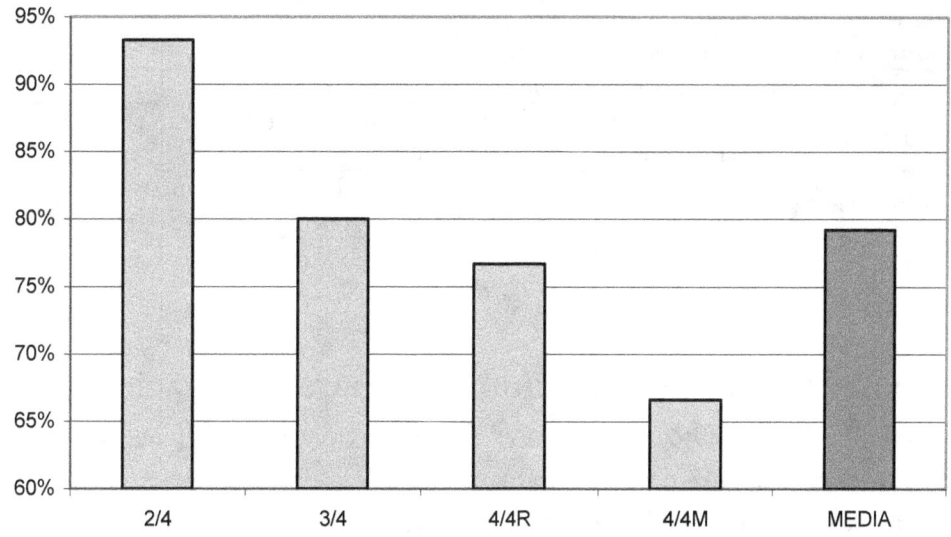

Figura 5.3: Tasa de reconocimientos correctos en el sistema de Soltau.

conforman la matriz de confusión[11]. Estos resultados confirman lo que se afirmó al principio acerca de que el cambio de objetivo de este sistema, que reconoce ritmos en vez de estilos musicales, representa más bien un cambio conceptual y no afecta a las prestaciones del mismo.

---

[11] La matriz de confusión es una tabla en la que la fila representa el tipo de muestra que se presenta al sistema de reconocimiento y la columna la clasificación que ha realizado el sistema de dicha muestra. Cada celda contiene el número o el porcentaje de las muestras del tipo indicado por la fila reconocidas por el sistema como del tipo correspondiente a la columna. De este modo la diagonal recoge los valores que indican una clasificación correcta de las muestras de entrada.

Nombre	Selección de la parametrización (SelCoef)
Objetivo	Evaluar los mejores tipos de parámetros: MFCC+E, MFCC+E+ΔMFCC+ΔE y MFCC+E+ΔMFCC+ΔE+Δ²MFCC+Δ²E
Parametrización	Frecuencia de muestreo: 16KHz Segmentación: ventanas de 20 ms con solapamientos de 10 ms 40 filtros en la escala Mel
Unidad de reconocimiento	Compases 3/4
Base de datos	Base de datos de música real, subconjunto de muestras de valses
Etiquetado	Una etiqueta por compás
Gramática	Se permiten repeticiones del mismo compás
Topología	Modelos de 3 a 7 estados, únicamente con transiciones al siguiente estado y de autobucle
Entrenamiento	Continuo. Cada tres iteraciones adelante-atrás se incrementa el número de gausianas de los estados de una en una hasta llegar a 5.

Tabla 5.2: Ficha técnica del experimento SelCoef.

I.3 Experimento de selección de la parametrización

El objetivo del experimento de selección de la parametrización (que se denominará SelCoef) es determinar qué tipo de parámetros son los más adecuados para modelar el ritmo. Entre los trabajos donde se realiza un estudio de la parametrización de la señal musical se pueden destacar a dos de ellos:

1. **Durey y Clements:** Proponen un sistema basado en HMM para la indexación de archivos musicales por su melodía [Durey 2002]. En todos los trabajos relacionados con su sistema [Durey 2001], se evalúan diferentes parametrizaciones. Los resultados del último de estos trabajos indican que los coeficientes cepstrum en la escala Mel proporcionan comparativamente los mejores resultados en su sistema.

2. **Beth Logan:** En el trabajo de Beth Logan [Logan 2000] se analiza la correlación entre los vectores de parámetros MFCC, obtenidos de la música. Los resultados experimentales indican que los coeficientes cepstrum en la escala Mel son apropiados para caracterizar la música, porque no existe apenas correlación entre

ellos. Sin embargo, Logan deja fuera de estudio el muestreo, las características del enventanado, o si puede existir una escala más apropiada que la Mel.

Puesto que ambos estudios indican que los coeficientes más apropiados para caracterizar la música son los MFCC, se toma como base este resultado obtenido independientemente por Durey y Logan en sus trabajos como base para este experimento. Puesto que la parametrización realizada por Logan está realizada para una aplicación más genérica, es la que va a ser usada como punto de partida de los experimentos.

Para la obtención de unos resultados lo más fiables posible, interesa evaluar los distintos parámetros con varias configuraciones de modelos: de estados y de gausianas mezcla. Hay que tener en cuenta que, aunque se va a proponer una topología para los mismos, el objeto de este experimento no es determinar la topología más adecuada para identificar el ritmo, sino la de evaluar varios tipos de parámetros. Debido a la cantidad de datos que resultarían de estas pruebas si se utilizan muestras con distintos compases, se ha estimado que lo más oportuno es utilizar un solo tipo de compás. De este modo y teniendo en cuenta que interesa disponer del máximo número de muestras de compases para el entrenamiento y la evaluación, se han seleccionado las muestras de valses, que poseen el mayor número de compases (3/4) de la base de datos.

Para evaluar las distintas parametrizaciones se ha preferido utilizar como medida el porcentaje de alineamiento correcto de los compases, entendiendo éste como el grado en el que los centros de los compases reconocidos permanecen sin desplazarse de su posición correcta. La motivación para utilizar esta medida es que la detección de los compases se produce en condiciones de reconocimiento continuo o CWR, por lo cual, no sólo interesa conocer si se han detectado el mismo número de compases, sino que además, los compases detectados ocupen los mismos intervalos de tiempo. Por ello, el alineamiento correcto de compases es una medida más restrictiva que el porcentaje de reconocimientos correctos, motivo por el cual, se espera que los resultados sean más significativos.

I.3.1 Extracción de parámetros

Para realizar una buena parametrización de música real es necesario tener en cuenta que las señales musicales son en cada instante la suma de las señales de varios instrumentos a la que, en ocasiones, se suma la voz del cantante o de los cantantes. Con una señal tan compleja como ésta, es muy importante minimizar la pérdida de información al caracterizarla. La parametrización empleada por Beth Logan [Logan 2000] consiste en muestrear la señal a 16 KHz y segmentarla en ventanas de 25,6 ms, solapadas 10 ms entre sí. Aunque Logan no especifica nada acerca del filtrado de la señal posterior al muestreo, se supone que se aplica un filtro paso-baja con una frecuencia de corte estándar a 8 KHz. Posteriormente se realiza el filtrado en la escala Mel utilizando 40 filtros y se calculan los primeros 13 coeficientes cepstrum, que formarán parte de cada vector de parámetros característicos.

Hay que tener en cuenta que la parametrización de Logan está destinada a ser utilizada por un sistema que clasifica las señales en dos categorías: música y voz. Esto implica que si se quieren caracterizar propiedades concretas de la música, como los compases, es necesario revisar la parametrización. En principio, la frecuencia de muestreo se puede considerar adecuada para que los modelos puedan realizar el reconocimiento del ritmo. Las frecuencias de repetición de los factores que intervienen en el ritmo alcanzan sólo unos pocos hertzios. Respecto a la segmentación, Logan no hace ningún tipo de disquisición acerca de la misma, a pesar de que es necesario tener en cuenta las características de la señal y de las unidades de reconocimiento del sistema, antes de realizar el enventanado. Finalmente, otro punto débil en la parametrización de Logan es no evaluar otros tipos de coeficientes como la energía, o los coeficientes dinámicos, que pueden mejorar el reconocimiento de características musicales.

Por los motivos expresados anteriormente, se proponen las siguientes modificaciones a la parametrización de Logan:

a) Es necesario disponer de vectores de parámetros característicos lo suficientemente próximos en el tiempo para que no se pierda información del ritmo. Se ha observado en las muestras que los compases formados por mayor número de notas son los que pertenecen a las fórmulas rítmicas de la rumba y el chachachá, compuestos por 9 notas musicales. Por término medio presentan una duración de 2 segundos. Para que los modelos de compás distingan las notas entre sí, se necesitarán entre 1 y 3 estados por nota. Por otra parte, cada estado emisor de un modelo corresponde por término medio de 5 a 7 vectores de características. En el peor de los casos, con 3 estados por nota para los modelos y 7 vectores por estado, se puede calcular el tamaño más indicado para el desplazamiento de las ventanas:

$$\Delta v = \frac{2s}{9 \cdot 3 \cdot 7} = 10,6 ms \qquad (5.1)$$

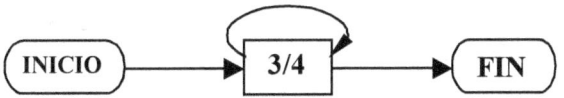

Figura 5.4: Modelo de gramática del experimento SelCoef.

Teniendo en consideración que el desplazamiento estándar entre ventanas es del 50% del tamaño de la misma, parece que lo más apropiado es extraer un vector de características cada 10 ms con un tamaño de ventanas de 20 ms. Tamaño que resulta algo inferior al propuesto por Logan.

b) La energía se añade al vector de parámetros, pues se estima que va a ayudar a modelar el ritmo. Como se explicó en el Capítulo 2, desde el punto de vista de la acentuación, en todo compás el primer tiempo es el más fuerte y el último el más débil, es decir, la energía de la señal será mayor al principio que al final del mismo. Por tanto, la energía puede ayudar a los modelos a determinar el comienzo y el fin de los compases.

El objetivo del presente experimento es determinar qué conjunto de parámetros es el más adecuado para un sistema de reconocimiento musical. En las sucesivas pruebas se añadirán a los 14 coeficientes cepstrum, la energía, y sus derivadas temporales, es decir, los coeficientes delta primero y, posteriormente, los coeficientes aceleración. De este modo se evalúan tres parametrizaciones diferentes:

1. Coeficientes cepstrum y energía.

$$\vec{V} = (\overrightarrow{MFCC}, E) \qquad (5.2)$$

2. Cepstrum, energía y coeficientes dinámicos de primer orden.

$$\vec{V} = (\overrightarrow{MFCC}, \overrightarrow{\Delta MFCC}, E, \Delta E) \qquad (5.3)$$

3. Cepstrum, energía y coeficientes dinámicos de primer y segundo orden.

$$\vec{V} = (\overrightarrow{MFCC}, \overrightarrow{\Delta MFCC}, \overrightarrow{\Delta^2 MFCC}, E, \Delta E, \Delta^2 E) \qquad (5.4)$$

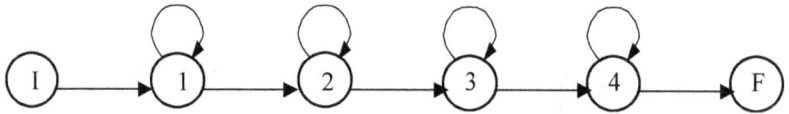

Figura 5.5: Topología del modelo de 4 estados para la evaluación de la parametrización.

Finalmente, es necesario indicar que se han utilizado ventanas de Hamming con preénfasis y con factor de suavizado 0,97, igual que en el sistema de Soltau, y que los parámetros se han extraído realizando una normalización de la energía de las muestras para minimizar el efecto provocado por distintas condiciones de grabación sobre la parametrización.

I.3.2 Etiquetado de las muestras

Análogamente a la segmentación en las palabras de los fonemas en voz, resulta difícil identificar exactamente los compases pertenecientes a una pieza musical. Para solucionar este problema se deben utilizar los HMM en detección continua de compases, que consiste en la generación de un macromodelo constituido por la secuencia de estados correspondientes a los modelos de los compases en los que se descompone la pieza musical. Para ello es necesario señalar el principio y el fin de la serie de compases e indicar el número exacto de compases extraídos de las muestras para poder realizar el entrenamiento continuo de los modelos de compás.

I.3.3 Gramática

La base de datos ComCdReP, cuyas características fueron expuestas detalladamente en el Capítulo 4, está compuesta por piezas musicales con un solo tipo de compás. Por tanto, la gramática (Figura 5.4) consiste en una sucesión indeterminada de compases del mismo tipo. El presente experimento se ha realizado en base a las alineaciones correctas de compases 3/4, que son los que menor tiempo medio poseen. Puesto que cada muestra de la base de datos contiene 30 segundos de música, de este modo se consigue que haya mayor cantidad de compases para realizar el entrenamiento.

I.3.4 Topología de los HMM

Para que los HMM reconozcan el compás completo se ha utilizado un modelo de transiciones de Bakis, pero sólo con transiciones al estado siguiente o de autobucle. Se estima que no son convenientes las transiciones hacia atrás porque pueden impedir una buena caracterización de los compases por parte de los modelos, debido a la aplicación elegida. Si se considerase la posibilidad de transiciones hacia atrás entre los estados, el hecho de que éstas transiciones se produzcan en el entrenamiento o reconocimiento de un modelo serían debidas con mayor probabilidad al comienzo de una nueva estructura rítmica, es decir, a un nuevo compás.

Como es imposible conocer a priori la cantidad de estados idónea para los modelos, y con el fin de mejorar la validez de los resultados obtenidos, se han evaluado modelos de 3 a 7 estados. El número de estados inicial se ha elegido en función del compás, que al ser 3/4, tiene tres tiempos distintos, uno por estado. La Figura 5.5 muestra la topología de uno de los HMM propuestos.

I.3.5 Entrenamiento

Todos los modelos se entrenan conjuntamente de modo continuo. Para ello, se sigue un procedimiento estándar, en el que cada HMM se inicializa a partir de 3 iteraciones adelante-atrás y se emplea una gaussiana para la mezcla. Posteriormente, se va incrementando el número de gausianas de una en una hasta que las funciones densidad de probabilidad de los estados del modelo estén compuestos por una mezcla de cinco gausianas. Este incremento se realiza cada tres iteraciones adelante-atrás. De esta forma se obtienen 5 modelos con estados compuestos por una mezcla de 1 a 5 gausianas.

I.3.6 Resultados experimentales

Como se ha expuesto al comienzo de la explicación del experimento, para mejorar la interpretación de los resultados se ha decidido evaluar los resultados de alineamiento sobre compases 3/4, que son los más abundantes en la base de datos ComCdReP. El porcentaje de alineaciones correctas de los compases se calcula a partir la media de la desviación de tiempo de los centros de los intervalos que ocupan los compases Δc_i entre el tiempo medio que duran éstos t_i. El alineamiento correcto se puede hallar a partir de la expresión siguiente:

$$A_{correcto} = \left(1 - \frac{1}{N}\sum_{i=1}^{N}\frac{\Delta c_i}{t_i}\right)\cdot 100 \tag{5.5}$$

donde N es el número total de compases detectados. Hay que indicar que la expresión anterior sólo es válida si se detectan más de la mitad de los compases de la muestra.

Número de estados	Número de gausianas				
	1	2	3	4	5
3	64,3%	57,1%	49,2%	52,4%	52,4%
4	62,1%	59,4%	58,1%	57,8%	55,5%
5	66,7%	66,7%	65,9%	62,7%	59,5%
6	67,3%	67,7%	63,1%	61,6%	59,5%
7	65,9%	64,6%	62,6%	60,5%	58,6%

Tabla 5.3: Resultados de alineamiento correcto de los modelos utilizando coeficientes MFCC y la energía.

Número de estados	Número de gausianas				
	1	2	3	4	5
3	74,5%	73,8%	72,7%	71,5%	71,5%
4	73,0%	73,0%	76,0%	76,3%	76,4%
5	74,5%	76,0%	72,7%	76,6%	75,3%
6	75,8%	76,6%	76,4%	75,2%	75,2%
7	75,9%	74,4%	74,4%	75,3%	75,1%

Tabla 5.4: Resultados de alineamiento correcto de los modelos utilizando coeficientes MFCC, la energía y los coeficientes dinámicos correspondientes de primer orden.

Número de estados	Número de gausianas				
	1	2	3	4	5
3	30,1%	39,9%	43,4%	44,7%	46,0%
4	44,4%	51,4%	57,1%	58,5%	57,3%
5	58,0%	60,2%	67,4%	74,9%	71,9%
6	72,3%	70,1%	73,0%	74,1%	77,8%
7	72,0%	70,5%	73,3%	73,0%	76,8%

Tabla 5.5: Resultados de alineamiento correcto de los modelos utilizando coeficientes MFCC y la energía y los coeficientes dinámicos correspondientes de primer y segundo orden.

Se han obtenido tres tablas de resultados que corresponden a cada una de las parametrizaciones a evaluar. La Tabla 5.3 muestra las alineaciones correctas de los modelos utilizando sólo coeficientes cepstrum en la escala Mel y la energía. Los mejores resultados se obtienen cuando se utiliza una única gaussiana por estado en los HMM.

En la Tabla 5.4 se observan los resultados obtenidos utilizando los coeficientes dinámicos de primer orden en la parametrización. Se observa que, en general, existe una mejora considerable de los alineamientos correctos, que ronda el 10%. El valor máximo, 76,6% lo proporciona el modelo de 6 estados y 2 gausianas.

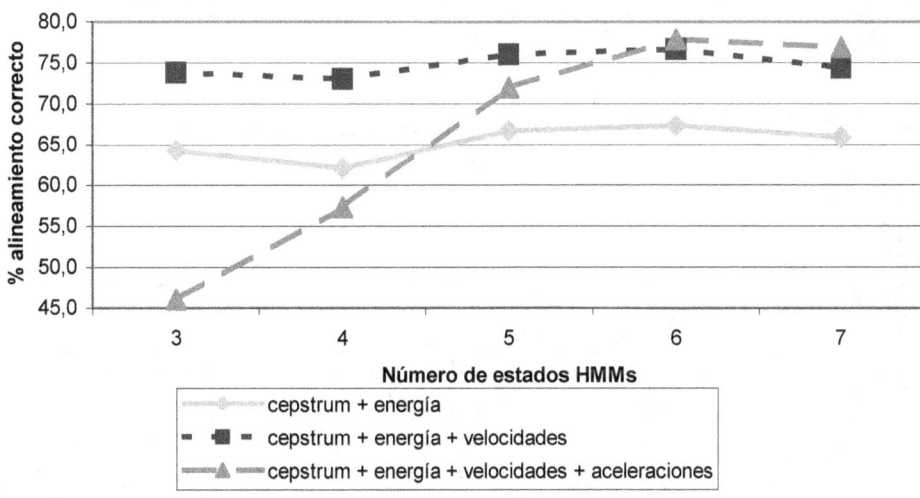

Figura 5.6: Evolución del alineamiento para HMM de 3 a 6 estados con las tres parametrizaciones propuestas.

Finalmente las alineaciones correctas de los modelos utilizando coeficientes dinámicos de primer y segundo orden se muestran en la Tabla 5.5. Los resultados de esta parametrización son inferiores en media a los obtenidos con coeficientes dinámicos de primer orden. Sin embargo, es necesario destacar dos aspectos:

1. La progresión del alineamiento a medida que aumenta el número de estados es mayor que en las dos parametrizaciones anteriores.

2. El valor máximo de alineamiento 77,8%, se produce para un modelo de 6 estados y 5 gausianas, que es mayor que cualquier valor de las dos parametrizaciones anteriores.

Las dos observaciones anteriores se ponen de manifiesto si se representan, para cada parametrización, los modelos que obtienen los mejores valores con el mismo número de gausianas por estado. En la Figura 5.6 se representan los porcentajes de alineamiento correcto de las mejores series de las tablas de resultados: los modelos entrenados con coeficientes MFCC y energía, con coeficientes dinámicos de primer orden, y la correspondiente a los entrenados con los de coeficientes dinámicos de primer y segundo orden. La gráfica muestra perfectamente lo expresado anteriormente; los mejores

Nombre	Selección de la topología (SelTop)
Objetivo	Evaluar distintas topologías de los HMM
Parametrización	Frecuencia de muestreo: 16KHz Segmentación: ventanas de 20 ms con solapamientos de 10 ms 14 MFCC + E+ 14 ΔMFCC + ΔE + 14 Δ^2MFCC + Δ^2E (con 40 filtros triangulares)
Unidad de reconocimiento	Compases 3/4
Base de datos	Base de datos de música real, subconjunto de muestras de valses
Etiquetado	Una etiqueta por compás
Gramática	Se permiten repeticiones del mismo compás
Topología	Modelos de 6 a 12 estados, únicamente con transiciones al siguiente estado y de autobucle
Entrenamiento	Continuo. Cada tres iteraciones adelante-atrás se incrementa el número de gausianas de los estados de una en una hasta llegar a 5.

Tabla 5.6: Ficha técnica del experimento SelTop.

resultados medios se alcanzan con la parametrización con coeficientes dinámicos de primer orden y se produce una gran mejora del alineamiento con los modelos entrenados con coeficientes dinámicos de segundo orden, cuyos valores se estabilizan entorno al mayor porcentaje de alineamientos correctos para modelos con 6 y 7 estados. A partir de 6 estados las otras dos parametrizaciones han alcanzado su máximo y comienzan un descenso suave.

La conclusión que se obtiene del experimento SelCoef es que los mejores parámetros para representar la señal musical son los MFCC junto a la energía y sus correspondientes coeficientes dinámicos de primer y segundo orden. Hasta este punto, el objetivo del experimento queda cubierto. Sin embargo, la progresión observada del alineamiento con el número de estados hace prever que será necesario evaluar HMM con mayor número de estados para modelar mejor el ritmo musical.

I.4   Experimento de selección de la topología

El experimento de selección de la topología o SelTop pretende determinar la topología idónea de los HMM para el reconocimiento de compases, a partir de la parametrización seleccionada en el experimento anterior (SelCoef).

Número de	Número de gausianas				
estados	1	2	3	4	5
6	72,3%	70,1%	73,0%	74,1%	77,8%
7	72,0%	70,5%	73,3%	73,0%	76,8%
8	72,7%	75,2%	77.4%	77,2%	76,8%
9	75,9%	78,2%	76,1%	78,5%	79,4%
10	73,0%	74,7%	76,6%	78,3%	78,8%
11	75,7%	77,8%	80,8%	79,4%	79,6%
12	78,4%	77,7%	79,7%	79,0%	79,2%

Tabla 5.7: Resultados de alineamiento correcto de los modelos con distinto número de estados y de gausianas.

El aspecto que quedó fuera de estudio en el experimento de selección de la parametrización es evaluar la mejor topología de los modelos. El componente fundamental del ritmo, el compás, está compuesto por una secuencia de notas musicales, lo que implica que los modelos adecuados podrían ser aquellos en los que se producen sólo transiciones hacia adelante entre los estados. Esta afirmación queda de manifiesto en el trabajo de Soltau y Waibel [Soltau 1998], en el que los HMM con mayoría de transiciones hacia delante obtienen mejores resultados que los modelos ergódicos, en los que todas las transiciones están permitidas. Por ello, se evalúan modelos de Bakis como en el experimento anterior, pero con distinto número de estados. Es difícil estimar el número idóneo de estados para modelar el compás, puesto que el ritmo depende de diversos factores como el número de notas, la duración relativa entre éstas, los cambios de intensidad de las notas, etc. En principio, y por simplicidad, se evaluarán modelos con número de estados proporcional al máximo número de notas existentes en los compases 3/4 del vals.

El etiquetado de las muestras, la gramática empleada y el entrenamiento de los modelos no sufre cambios respecto al experimento anterior. Igualmente, la evaluación de las diversas topologías se realiza a partir del porcentaje de alineamientos correctos de los compases.

I.4.1 Topología de los HMM

Los compases 3/4 del vals tienen como máximo 3 notas musicales. Puesto que en los resultados experimentales del experimento anterior se observó un crecimiento de la bondad del alineamiento con el número de estados de los modelos, en éste experimento se evalúan modelos de 6 a 12 estados, que corresponderían de 2 a 4 estados por nota,

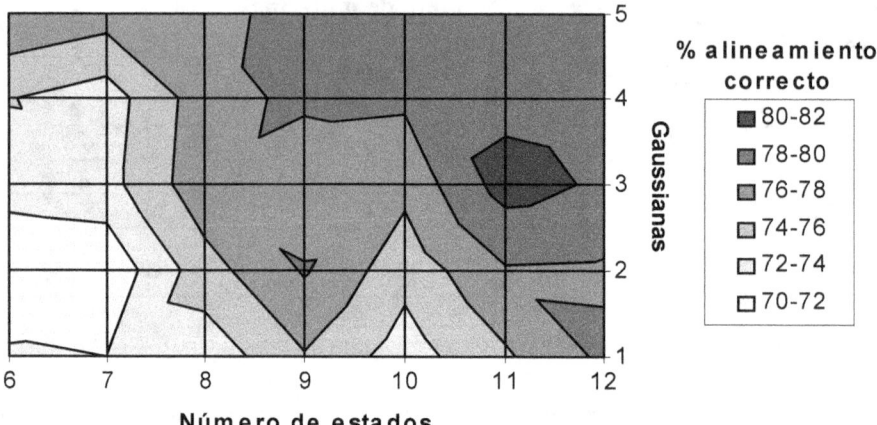

Figura 5.7: Pruebas de alineamiento para determinar el número de estados y de gausianas de los modelos. El eje horizontal representa el número de estados de los HMM, el vertical el número de gausianas y el color el tanto por ciento de alineamiento correcto.

respectivamente. Del mismo modo que en el experimento SelCoef, se varía el número de gausianas de los estados entre 1 y 5.

I.4.2 Resultados experimentales

Una vez entrenados los modelos se procede a obtener los resultados del alineamiento correcto de compases. La Tabla 5.7 recoge los valores experimentales detallados. En ella se observa que el máximo valor lo proporciona un HMM con 11 estados compuestos por una mezcla de tres gausianas. Para observar mejor la evolución del alineamiento de los diversos modelos se ha realizado una representación gráfica de la Tabla 5.7. La Figura 5.7 representa en su eje vertical el número de gausianas, en su eje horizontal el número de estados del modelo y en escala de grises se representa el porcentaje de alineamiento correcto. Hay que indicar que en la gráfica los posibles valores intermedios correspondientes a números de estados y gausianas no enteros se deben a una interpolación entre porcentajes de alineamiento correcto de la tabla y no tienen significado, sólo sirven para determinar áreas de separación entre valores.

I.5 Validación del sistema de detección del ritmo

Una vez determinado el modo de extraer los parámetros de las muestras musicales y la topología de los modelos apropiada para el reconocimiento de compases, se dispone de un

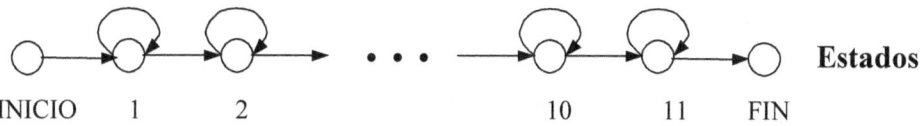

Figura 5.8: Topología de los HMM para la detección de compases.

sistema de reconocimiento del ritmo musical que debe ser validado. La evaluación se realizará comparándolo con el sistema de referencia descrito en el Apartado A.2 y que se denomina sistema de Soltau. En este caso, la comparativa se va a realizar con los valores de reconocimiento correcto, en lugar del alineamiento. La validación se va a realizar a dos niveles:

1. En primer lugar se va a tratar de comprobar que la parametrización que se determinó en el experimento SelCoef (selección de la parametrización) es más adecuada que la propuesta por Soltau [Soltau 98], empleando dicha parametrización en el entrenamiento y reconocimiento de los modelos del sistema de Soltau.

2. En un segundo nivel, se utilizarán la parametrización y la topología de los modelos para comprobar la capacidad del sistema propuesto en la detección del ritmo y en la clasificación del estilo musical, que es equivalente en muchos casos a la detección del compás característico de cada estilo musical (Apartado 2.4).

La parametrización, el etiquetado y el entrenamiento se han realizado exactamente igual que en el experimento para la selección de la topología o SelTop.

La topología de los modelos es la obtenida del experimento anterior: de Bakis con 11 estados con transiciones al estado siguiente o de autobucle, que generan las observaciones mediante una mezcla de 3 gausianas. La Figura 5.8 representa la topología de los modelos utilizados para detectar los compases.

I.5.1 Gramática

La primera partición de la base de datos ComCdReP está compuesta por muestras de cuatro danzas clásicas con tres compases diferentes que son: el tango, el vals, la rumba y el mambo. Por ello, la gramática utilizada está adaptada a los tipos de compás y a los estilos musicales escogidos de la base de datos, consistiendo en una sucesión indeterminada de

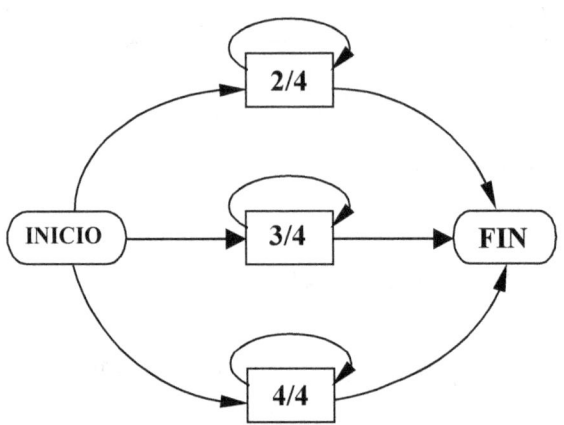

Figura 5.9: Gramática del sistema de reconocimiento del ritmo.

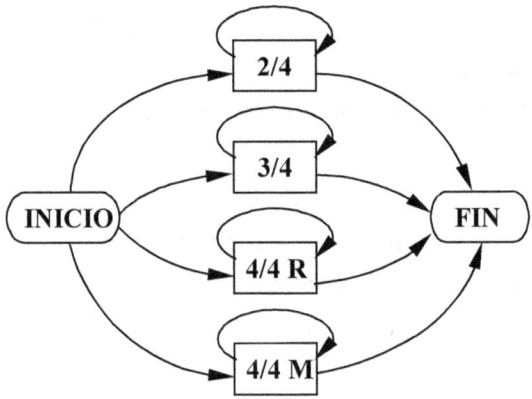

Figura 5.10: Gramática del sistema de reconocimiento de estilos musicales.

compases iguales para cada muestra. Es decir, la gramática no permite secuencias de compases distintos en la misma muestra. Se han elegido dos modelos de gramática distintos en función de las pruebas que se van a realizar sobre los modelos: detección de compases o de fórmulas rítmicas. En la Figura 5.9 se muestra la gramática utilizada para la detección de compases. Entre las muestras de la partición utilizada existen tres tipos de compases diferentes: 2/4, 3/4 y 4/4. La Figura 5.10 representa la gramática que corresponde al sistema de detección de fórmulas rítmicas o sistema clasificador de estilos. La diferencia estriba en que se distinguen entre compases del mismo tipo (4/4), pero con una estructura de notas distinta, porque pertenecen a distinto estilo musical. En el caso de

S/R	2/4	3/4	4/4R	4/4M
2/4	96,7%	3,3%	0%	0%
3/4	10%	83,3%	0%	6,7%
4/4R	0%	3,3%	76,7%	3,3%
4/4M	6,7%	3,3%	16,7%	73,3%
Media reconocimientos correctos				86,7%

Tabla 5.8: Matriz de confusión obtenida con el sistema de Soltau, empleando la parametrización obtenida del experimento SelCoef.

S/R	2/4	3/4	4/4R	4/4M
2/4	100%	0%	0%	0%
3/4	6,7%	90%	0%	3,3%
4/4R	0%	0%	96,7%	3,3%
4/4M	0%	3,3%	6,7%	90%
Media reconocimientos correctos				94,2%

Tabla 5.9: Matriz de confusiones obtenida con la parametrización obtenida del experimento SelCoef y los modelos del experimento SelTop.

las muestras se diferencia entre los compases 4/4 de la Rumba, a los que se denomina 4/4R; y los pertenecientes al Mambo, denominados 4/4M.

I.5.2 Resultados experimentales

En primer lugar se ha evaluado la parametrización obtenida del experimento SelCoef, utilizándose en el sistema de Soltau. La Tabla 5.8 muestra los resultados obtenidos. La media de reconocimiento es del 86,7%, es decir, un 7,5% superior a la media del sistema con la parametrización original. Este resultado demuestra la importancia que tiene la parametrización de las muestras musicales para entrenar los HMM y obtener el máximo rendimiento de éstos en el reconocimiento. Se ha demostrado que con la parametrización propuesta por Soltau y Waibel [Soltau 98] se pierde información sensible de la señal.

Si se emplea la parametrización seleccionada en el experimento SelCoef, junto con la topología de los modelos propuesta, procedente del experimento de selección de la topología o SelTop, se puede evaluar el sistema en dos aplicaciones similares: la primera en el reconocimiento de fórmulas rítmicas (estilos musicales), y la segunda, para detección de compases (el ritmo). La diferencia entre ambos modos de reconocimiento para el sistema es la gramática que se utiliza y el número de HMM. En el reconocimiento de fórmulas

E/R	2/4	3/4	4/4
2/4	100%	0%	0%
3/4	3,3%	96,7%	0%
4/4	0%	0%	100%
Media reconocimientos correctos			**98,9%**

Tabla 5.10: Matriz de confusiones obtenida con la parametrización obtenida del experimento SelCoef, y los modelos del experimento SelTop.

rítmicas se precisa de 4 modelos, uno para cada tipo de compás característico. Para la detección del ritmo se emplean sólo 3 modelos, uno por cada tipo de compás.

La Tabla 5.9 recoge los valores obtenidos en la detección de fórmulas rítmicas. Se puede observar que el nivel de reconocimiento mínimo por tipo de fórmula es del 90% y el mayor número de confusiones se produce entre las fórmulas 4/4R y 4/4M (10%) y en menor medida entre el 2/4 y el 3/4 (6.7%). El primero de los casos era de esperar debido a que comparten el mismo compás 4/4, mientras que en el segundo puede estar motivado por la semejanza entre los compases 2/4 y 3/4.

La media de reconocimiento se sitúa en 94,2%, incrementando de nuevo un 7,5% el resultado medio obtenido por el sistema de Soltau con la parametrización mejorada. Este incremento se debe a dos factores relacionados con los modelos: en primer lugar, su topología mejorada, y, en segundo lugar, al entrenamiento de éstos de modo continuo, que refleja mejor la realidad del ritmo musical como encadenamiento continuo de compases.

Finalmente, para comprobar la eficiencia del sistema en la detección del ritmo se ha realizado un último experimento, en el que se han eliminado las muestras con compases 4/4 M. De esta forma los tres tipos de muestras restantes poseen todos distintos compases. Los resultados del reconocimiento se exponen en la Tabla 5.10. La media de reconocimiento del compás se sitúa en un 98,9%. De los resultados obtenidos cabe destacar que el peor porcentaje se obtiene con los compases 3/4, lo que puede ser debido a que es el compás más cercano, en sentido métrico, al compás 2/4: un compás binario puede confundirse con uno ternario si éste último está compuesto por dos notas en las que una tiene duración doble que la otra.

Para facilitar la comparación del sistema de referencia de Soltau con el propuesto, en la Figura 5.11 se presentan los resultados medios de reconocimiento obtenidos en los distintos experimentos de validación detallados en este apartado.

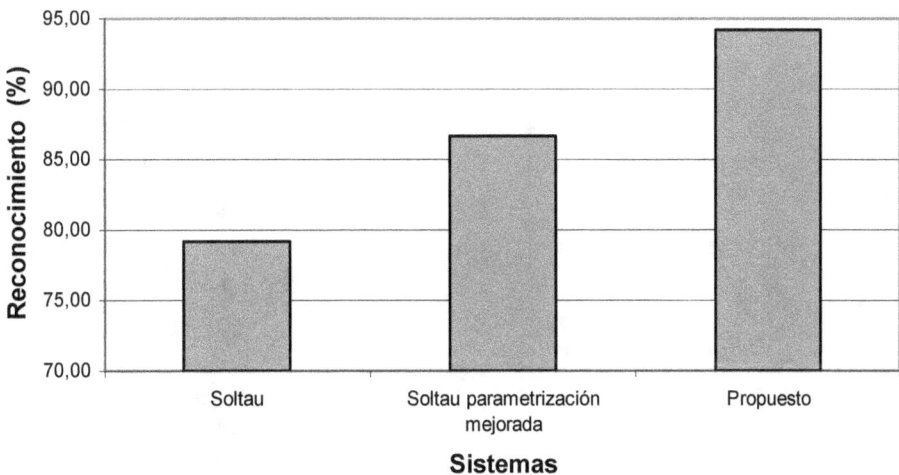

Figura 5.11: Comparativa del sistema de referencia con el sistema obtenido para la detección del ritmo.

SECCIÓN II: Reconocimiento de notas musicales

II.1 Introducción

Una vez determinado un sistema de reconocimiento del ritmo, el siguiente paso en los experimentos es tratar de determinar una configuración óptima para el sistema de reconocimiento de notas musicales. En la configuración inicial del sistema de detección de notas musicales se van a utilizar las conclusiones en torno a la parametrización de las muestras y de la topología de los modelos. Sin embargo, es necesario indicar que algunos de estos resultados deben volver a ser validados en el sistema de reconocimiento de notas. Por ejemplo, se prevé que la segmentación puede ser distinta en el caso de las notas musicales, puesto que compases y notas tienen distintas duraciones medias.

A lo largo de la evolución de la configuración del sistema con los experimentos se van a extraer resultados para distintas condiciones de entrenamiento y evaluación en función del grupo de instrumentos, del tipo de notas musicales y de si las muestras musicales están compuestas por secuencias aleatorias de notas o corresponden a partituras de composiciones reales. Estas configuraciones están ordenadas por orden creciente de dificultad, clasificándose en cinco grupos:

R1 *Reconocimiento mono-instrumental con notas de duración fija.* El sistema se entrena y evalúa utilizando un único instrumento, que será el piano, y se utilizará la base de datos NoFMiAlM de música aleatoria y semicorcheas.

R2 *Reconocimiento multi-instrumental con notas de duración fija.* El entrenamiento y la evaluación se realizan sobre el mismo conjunto de instrumentos: piano, vibráfono, guitarra, clarinete y órgano. Se emplea la base de datos NoFMiAlM al completo.

R3 *Reconocimiento multi-instrumental con notas de duración variable.* El sistema se entrena y evalúa utilizando los mismos instrumentos que en el caso anterior, pero utilizando la base de datos NoVMiAlM., que tiene notas aleatorias de diferentes figuras.

R4 *Reconocimiento multi-instrumental con música real.* El entrenamiento y la evaluación se realizan sobre el mismo conjunto de instrumentos, pero utilizando la base de datos NoVMiAlM para el entrenamiento y NoVMiReM, que contiene piezas musicales de partituras reales, en la evaluación.

R5 *Reconocimiento de música real independiente del instrumento.* La evaluación del sistema se efectúa sobre un conjunto de instrumentos diferente al que se emplea en el entrenamiento. Al igual que en el caso anterior, el entrenamiento se realiza con la base datos NoVMiAlM, y en el reconocimiento se emplea NoVMiReM con un conjunto de instrumentos distinto al de la base anterior.

Los experimentos a realizar emplearán estas cinco configuraciones para validar los resultados que se obtengan con el sistema desarrollado. Las tres primeras se utilizarán en los experimentos destinados a la determinación de la parametrización y de la topología de los modelos y las dos últimas, para la validación del sistema obtenido con música de partituras reales, con reconocimiento multi-instrumental e independiente del instrumento.

II.2 Sistema de referencia para el reconocimiento de notas musicales

Al igual que en la detección del ritmo, se precisa disponer de un sistema de referencia para contrastar los resultados experimentales que se obtengan en el reconocimiento de notas musicales. Como se ha explicado anteriormente (Apartado 5.1), el sistema propuesto por Durey y Clements [Durey 2002] está basado en modelos ocultos de Markov y tiene como objetivo la indexación musical a través de la melodía. En él se utilizan tres tipos de parámetros distintos extraídos de las señales musicales: los coeficientes de la FFT que se corresponden con las frecuencias fundamentales de las notas, los coeficientes resultantes de aplicar un banco de filtros en escala Mel a la señal y los coeficientes cepstrales en escala Mel o MFCC. Se emplea un modelo por cada nota musical y todos ellos se entrenan con cada uno de estos grupos de parámetros. Posteriormente se aplican en el reconocimiento de secuencias de notas de distinto tamaño. Para ello, se aplica una gramática en la que una de las secuencias permitidas es la melodía concreta que se pretende detectar. En la gramática se incluyen penalizaciones entre las transiciones de las notas para evitar detectar esta melodía como una secuencia de notas independientes, puesto que dicha gramática debe permitir cualquier secuencia de notas y que es más fácil para el sistema detectar notas sueltas, en vez de secuencias de las mismas.

En este caso va a ser utilizado como sistema de referencia en el reconocimiento de notas y se denominará sistema de Durey. Al igual que en el sistema de Soltau, el cambio de objetivo final no supone ninguna alteración importante, porque en él los HMM se utilizan para detectar notas musicales. La melodía o sucesión particular de notas en la pieza musical se identifica incluyéndola en la gramática. Por tanto, eliminando de la gramática la sucesión explícita de notas que representan la melodía, el sistema detectará las notas individualmente.

II.2.1 Extracción de parámetros

La parametrización propuesta por Durey [Durey 2002] se realiza muestreando la música con una frecuencia de 22,05 KHz. Posteriormente, la señal se segmenta utilizando ventanas de Hamming de 92,8 ms desplazadas 46,4 ms entre sí. Para calcular los MFCC se realiza un filtrado paso-banda de la señal para disponer de las frecuencias fundamentales de las notas que se pretende detectar. Puesto que el sistema va a ser evaluado con las bases de datos procedentes de archivos MIDI, que incluyen las notas de las escalas con índice Franco-Belga 1, 2 y 3, el filtrado ha de realizarse entre 128 y 1.023 Hz. El número de filtros triangulares en la escala Mel que se utilizan corresponde a 12 de ellos por cada escala completa de notas musicales que el sistema vaya a reconocer, por lo que en este caso serán 36 filtros.

Finalmente, para conformar cada vector de parámetros se toman los 20 primeros coeficientes cepstrales resultantes de la realización de la transformada discreta inversa de Fourier o IDFT.

El artículo no describe más detalles acerca del preprocesado de la señal [Durey 2002], por lo que se ha escogido un valor estándar de 0,97 para el coeficiente de preénfasis.

II.2.2 Etiquetado

El etiquetado de las notas en las muestras se realiza mediante un procedimiento diferente al que se utilizó anteriormente con los compases. La duración de las notas es variable y depende de la figura de la nota. Las variaciones de tiempo de una misma nota pueden llegar a ser del orden de 64 veces, si se compara la duración de la figura redonda a la correspondiente a la figura semi-fusa (Apartado 2.2). Por ello, es necesario indicar en el etiquetado el instante de comienzo y final de cada nota. Ésta es la razón por la que las bases de datos empleadas en el reconocimiento de notas se han elaborado a partir de archivos MIDI, que posteriormente han sido reproducidos y convertidos a archivos de onda (wav), convirtiéndolos así en muestras digitales recogidas de una señal analógica. Los archivos MIDI representan secuencias de comandos o mensajes que especifican una serie de acciones que deben ser realizadas por un instrumento musical o por un sintetizador de sonidos. Entre estos múltiples mensajes se encuentran aquellos que le indican a cada instrumento cuándo debe generar una nota musical y qué duración tiene. De este modo, gracias a la información contenida en los archivos MIDI, se puede realizar el etiquetado de manera automática. En este caso, se necesita etiquetar las notas de cada pieza musical de las bases de datos compuestas por notas aleatorias de duración fija (NoFMiAlM), de duración variable (NoVMiAlM), y las procedentes de archivos de partituras reales (NoVMiReM). Los detalles acerca de cómo se ha realizado el etiquetado automático de las muestras se encuentra recogido en el Apéndice B.

Como se ha expuesto en el apartado anterior y en el Capítulo 4, estas bases de datos contienen piezas musicales con notas pertenecientes a tres escalas, sin alteraciones e incluyendo silencios, por lo que se necesitan 22 etiquetas distintas.

II.2.3 Gramática

Las bases de datos NoFMiAlM y NoVMiAlM están compuestas por muestras formadas por una secuencia aleatoria de notas, de duración fija y variable respectivamente. Por tanto, la gramática consiste en una sucesión indeterminada de notas, que tienen la misma probabilidad de producirse en la secuencia. Esta gramática es la que se utiliza en el sistema propuesto por Durey y Clements con la excepción de que no se incluye ninguna secuencia explícita de notas, para realizar la indexación por la melodía. La Figura 5.12 muestra el modelo de la gramática utilizada, en la que se permite cualquier transición entre las notas y el silencio.

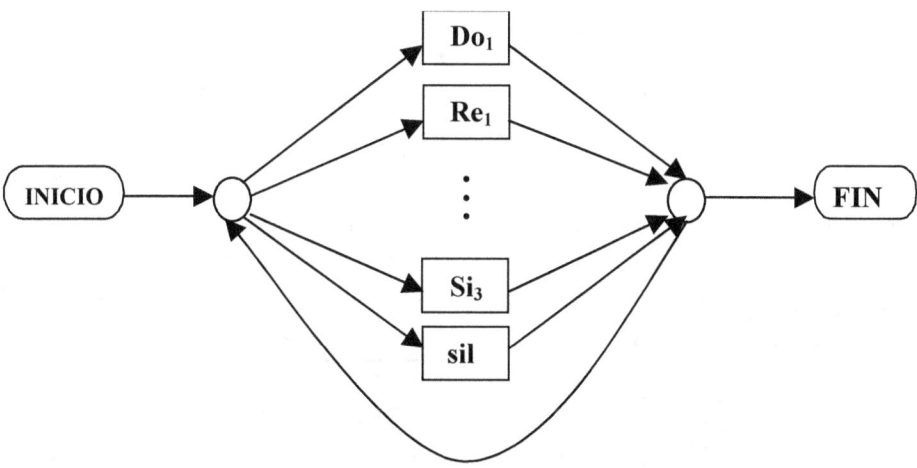

Figura 5.12: Modelo de gramática empleada en el reconocimiento de notas.

II.2.4 Topología de los HMM

La topología propuesta por Durey y Clements para los HMM consiste en un modelo de Bakis de 5 estados, tres de ellos emisores, y los dos restantes corresponden a estados no emisores de entrada y de salida. La Figura 5.13 representa la arquitectura de los modelos empleados.

II.2.5 Entrenamiento

El conjunto de HMM se entrena en principio de forma aislada usando el etiquetado de las piezas musicales. Los modelos se inicializan usando el alineamiento de Viterbi y posteriormente se realiza entrenamiento aislado usando la reestimación Baum-Welch. Finalmente, se hace entrenamiento continuo de los modelos utilizando un etiquetado sin segmentación, en el que sólo se especifica la secuencia de notas de la pieza musical.

Para mejorar la validez estadística de los resultados, se ha utilizado el método de conjuntos disjuntos cuando las bases de datos de entrenamiento y reconocimiento son NoFMiAlM y NoVMiAlM, usando el 80% de las piezas para entrenamiento y el 20% restante para realizar el reconocimiento. En cambio, cuando el reconocimiento se realiza sobre la base NoVMiReM de música real, no se utilizan particiones de la base de datos de entrenamiento porque es distinta a la de reconocimiento.

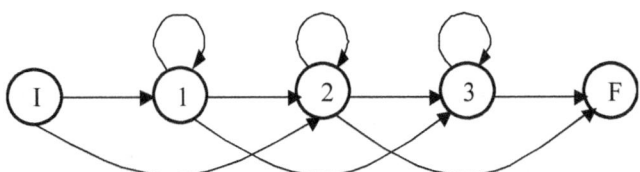

Figura 5.13: Topología de los modelos en el sistema de Durey. Los estados emisores están indicados por números, mientras que el inicial es el marcado con I y el final con F.

CONFIGURACIÓN DEL RECONOCIMIENTO		RESULTADOS				
TIPO RECON.	TIPO DE MÚSICA Y NOTAS	PC	% notas borradas	% notas sustituidas	% notas insertadas	PA
R1	Aleatoria Duración fija	86,73	11,31	1,97	4,81	81,92
R2	Aleatoria Duración fija	81,71	10,71	7,57	10,01	71,70
R3	Aleatoria Duración variable	94,83	0,99	4,23	53,14	41,69
R4	Real Duración variable	65,57	16,17	18,26	152,19	-86,62
R5	Real Duración variable	78,94	6,85	14,21	243,99	-165,05

Tabla 5.11: Tasas de reconocimiento y error del sistema de reconocimiento de referencia Durey para distintas configuraciones de locutor y musicales.

II.2.6 Resultados experimentales

Una vez realizados los entrenamientos de los modelos con las bases NoFMiAlM y NoVMiAlM, se procede a evaluarlos bajo las cinco condiciones expuestas en el inicio de este apartado. Los resultados se detallan en la Tabla 5.11.

Del examen de la tabla se pueden extraer tres observaciones destacadas:

1. La tasa de precisión PA es decreciente a medida que aumenta la dificultad de la tarea (Figura 5.14).

2. La tasa de precisión está condicionada fuertemente por los errores de inserción a partir de la utilización de música con notas de duración variable (Figura 5.15). Este hecho pone de manifiesto que los modelos no consiguen adaptarse bien a la variabilidad del tiempo de las notas musicales.

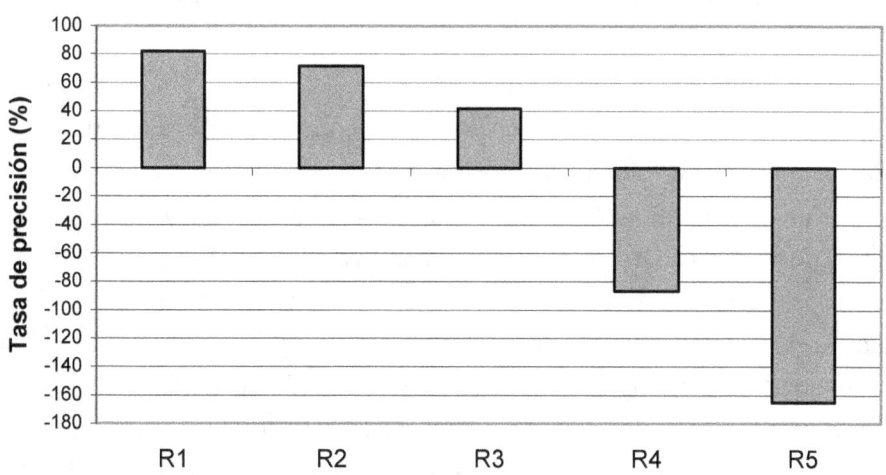

Figura 5.14: Tasas de precisión del sistema de Durey en las cinco configuraciones para el reconocimiento.

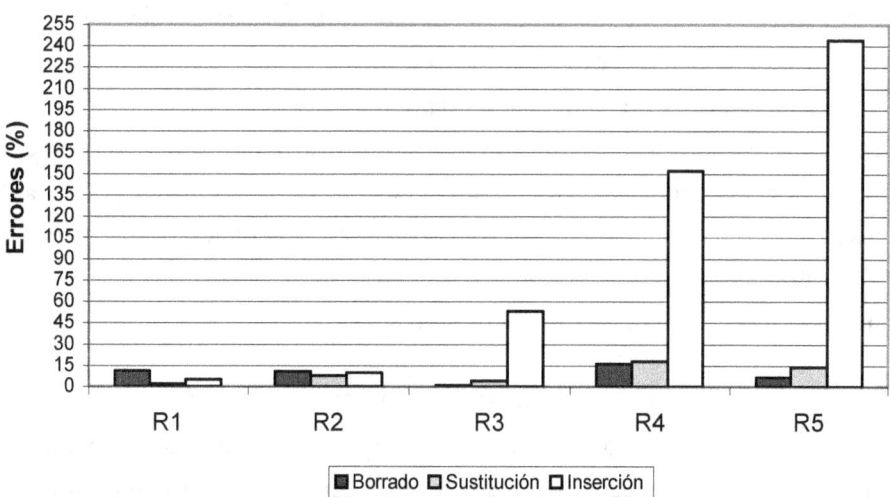

Figura 5.15: Tasas de error del sistema de Durey en las cinco configuraciones para el reconocimiento.

3. La proporción entre errores de borrado y de sustitución oscila en función de la configuración del reconocimiento.

II.3 Los coeficientes cepstrum en la escala musical

Antes de proceder con los experimentos que conduzcan a una configuración óptima del sistema de reconocimiento de notas musicales, es conveniente evaluar un aspecto de la parametrización que aún no ha sido verificado: la escala perceptual. A pesar de los resultados positivos obtenidos en los experimentos sobre el ritmo, todavía no se tienen datos acerca de la idoneidad de la escala Mel. Beth Logan [Logan 2001] reconoce la necesidad de profundizar en varios aspectos de la parametrización de la música, siendo uno de ellos la escala perceptual de frecuencias.

La alternativa a los coeficientes cepstrum usando la escala Mel es obtener los mismos coeficientes pero utilizando otras escalas basadas en la percepción humana. Las señales que se están tratando tienen una naturaleza musical (Apartados 2.2 y 2.3), lo que implica que están construidas siguiendo una serie de reglas (Solfeo) y a partir de unos símbolos básicos (las notas musicales) entre los que se establecen una serie de relaciones en el tiempo de duración (figuras) y su frecuencia fundamental (escalas). La escala musical se puede considerar una escala perceptual, puesto que está construida en función de la capacidad humana para identificar las notas musicales, tanto en su rango 27 a 4.750 Hz, como en la separación de las frecuencias fundamentales de las mismas.

Por tanto, se propone evaluar la escala musical como escala perceptual para calcular los coeficientes cepstrum, del mismo modo que se realiza en la escala Mel. Para ello, es necesario proponer un modo de transformar las frecuencias estándar a frecuencias en la escala musical. En el siguiente apartado se detalla cómo se obtiene la función que hace esta transformación en el espacio de frecuencias.

II.3.1 Determinación de la función de transformación

Existen varios métodos para determinar, a partir de la frecuencia del diapasón normal (nota La de la tercera escala), las frecuencias fundamentales del resto de las notas musicales (Apartado 2.3). De estos tres métodos se propone la gama física para fijar la relación entre las frecuencias de las notas, y desarrollar a partir de esta escala la función de transformación entre las frecuencias estándar y las musicales. La motivación para el uso de esta gama es que las frecuencias fundamentales de las notas corresponden con los armónicos de las notas de octavas inferiores. De esta forma, las frecuencias de las notas de cada octava se pueden calcular a partir de la nota Do que pertenece a dicha octava, utilizando la siguiente expresión:

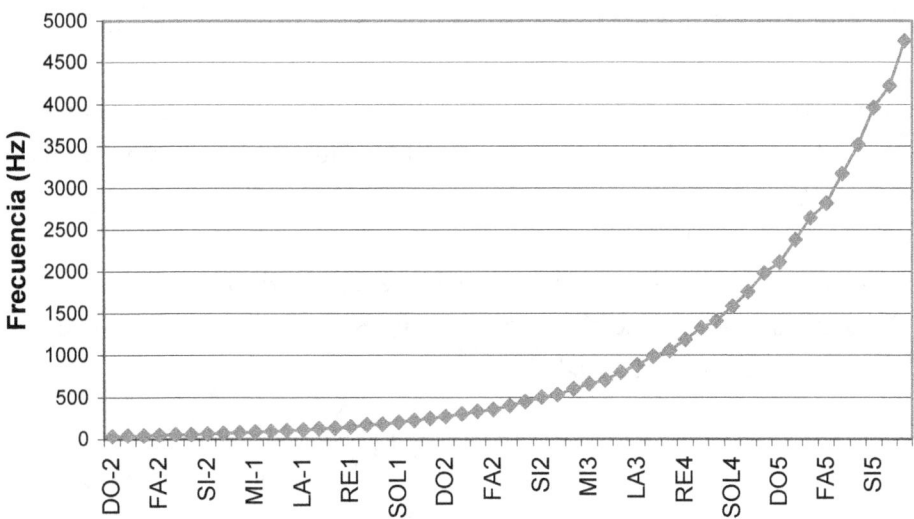

Figura 5.16: Frecuencias fundamentales las notas de todas las escalas.

$$f(N_i) = \begin{cases} \dfrac{8+i}{8}\, f(Do) & i = 1,2,4 \\[2mm] \dfrac{5+i}{6}\, f(Do) & i = 3,5,7 \\[2mm] \dfrac{15}{8}\, f(Do) & i = 6 \end{cases} \tag{5.6}$$

donde $f(N_i)$ es la frecuencia de la nota N_i que se quiere calcular, e i es la posición de dicha nota tras el Do de la misma octava. En esta notación Re tendría el índice 1, Fa el 2 y así sucesivamente. $F(Do)$ representa la frecuencia del Do de la misma octava. A partir de la expresión 5.6 y la frecuencia del diapasón normal (880 Hz) se pueden calcular todas las frecuencias fundamentales de las notas en la gama física (Figura 5.16). En ella se aprecia claramente que la función que relaciona todas las notas musicales con sus frecuencias fundamentales es exponencial.

Para diferenciar las frecuencias de la escala normal y de la musical, a efectos de notación, se denominará a la medida de las frecuencias en la escala musical en Hertzios prima Hz', frente a los Hertzios Hz en la escala estándar. Para obtener una escala similar a la Mel a partir de las frecuencias fundamentales de las notas, se proponen tres condiciones:

1) En la nueva escala musical a la nota Do_{-2} (33 Hz), que es la nota con la frecuencia fundamental más baja del espectro, se le asigna la frecuencia musical 50 Hz'.

2) Se toman 50 Hz' de separación cada dos notas musicales consecutivas para que exista la misma resolución a lo largo de la nueva escala para determinar notas adyacentes.

3) Los puntos que se obtienen en la representación de las frecuencias frente a las frecuencias musicales se ajustan por mínimos cuadrados a una función con forma similar a la que posee la escala Mel.

$$Mus(f) = A \cdot \log\left(1 + \frac{f}{B}\right) \qquad (5.7)$$

Una vez realizado el ajuste se obtiene la función que relaciona las frecuencias normales con las frecuencias musicales.

$$Mus(f) = 500{,}73 \cdot \log\left(1 + \frac{f}{34{,}36}\right) \qquad (5.8)$$

En la Figura 5.17 se representan conjuntamente la escala Mel y la escala musical obtenida. La función *Mus(f)* presenta un comportamiento más lineal que la escala Mel en el rango de las frecuencias fundamentales de las notas (33 a 4.750 Hz), si se representa en el eje de abscisas el logaritmo de las frecuencias estándar.

La ventaja que se obtiene al utilizar coeficientes cepstrum sobre la escala musical es que los filtros pueden escogerse de manera que estén centrados de forma aproximada sobre las frecuencias de las notas. De este modo se espera obtener unos coeficientes cepstrum más dependientes de las notas musicales, para que le permitan mayor poder de discriminación a los HMM. No obstante, la idoneidad del uso de la escala musical o la escala Mel será determinada a partir de los resultados que se obtengan de los experimentos.

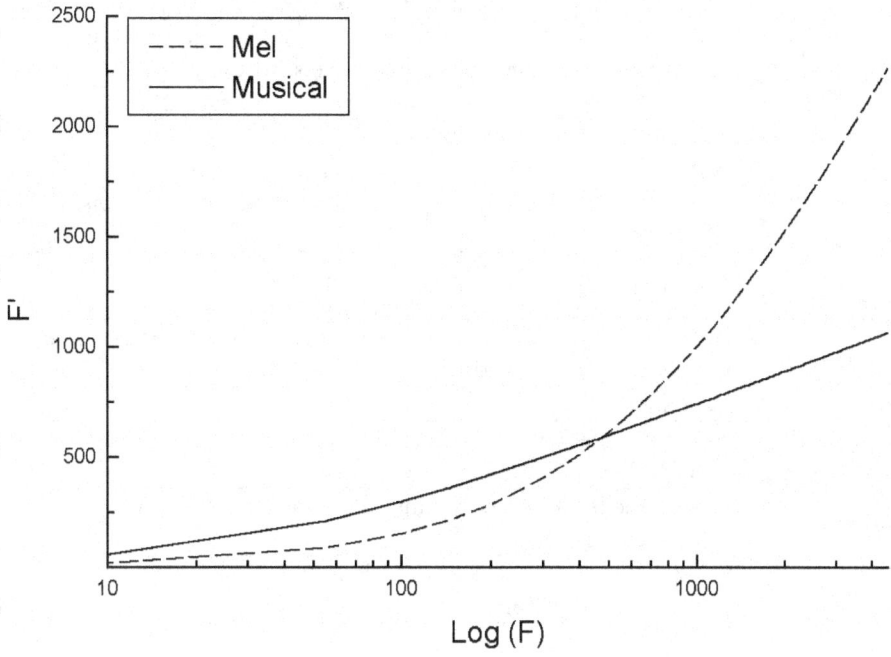

Figura 5.17: Representación de las escalas Mel y Musical. En el eje de abscisas se representa el logaritmo decimal de las frecuencias normales y en el de ordenadas las frecuencias transformadas.

II.4 Experimento para la selección del filtrado y evaluación de la topología inicial

El experimento para la selección del filtrado y evaluación de la topología inicial, al que se denominará SelFilTopIn, pretende obtener unos modelos y una parametrización inicial válida para el reconocimiento mono-instrumental con notas de duración fija, es decir, en condiciones de reconocimiento R1.

La parametrización de partida que se empleará es la seleccionada tras el experimento SelCoef. Si se tiene en cuenta que las notas musicales presentan una característica muy bien definida, que es la frecuencia fundamental, para determinar una parametrización adecuada se plantean dudas acerca de cuál es el mejor filtrado para la señal. Por ello, en este experimento se van utilizar tres variables, que son: el tipo de escala

Nombre	Selección del filtrado y evaluación de la topología inicial (SelFilTopIn)
Objetivo	Evaluar diversos filtrados, escalas perceptuales y número de filtros triangulares para calcular los coeficientes MFCC y E. Evaluar la topología inicial propuesta para los modelos.
Parametrización	Frecuencia de muestreo: 22KHz Segmentación: ventanas de 15 ms con solapamientos de 7,5 ms 15 coeficientes MFCC y E y sus correspondientes derivadas de 1er y 2° orden.
Unidad de reconocimiento	Notas musicales de las escalas 1, 2 y 3 y el silencio.
Base de datos	Base de datos de muestras con notas aleatorias de duración fija. (Partición de muestras de piano.)
Etiquetado	Una etiqueta por nota o silencio.
Gramática	Se permite cualquier secuencia de notas y el silencio con la misma probabilidad.
Topología	Modelos de 3 estados con transiciones al siguiente estado y autobucles.
Entrenamiento	Aislado. Iteraciones sucesivas adelante-atrás hasta llegar a un umbral en la probabilidad de generación de 10^{-5}.

Tabla 5.12: Ficha técnica del experimento SelFilTopIn.

perceptual (musical o Mel), las frecuencias de corte del filtrado en banda de la señal y el número de filtros triangulares empleados en el cálculo de los coeficientes cepstrum en la escala perceptual.

El etiquetado y la gramática son idénticos a los empleados en el sistema de Durey (Apartados II.2.2 y II.2.3). Se utilizan 22 etiquetas distintas que representan las 21 notas distintas pertenecientes a las escalas 1, 2 y 3 más el silencio. En la gramática se permite cualquier transición entre las notas y el silencio Esta configuración es la que se utilizará en todos los experimentos de reconocimiento de notas musicales del presente trabajo.

La topología inicial de los modelos es la misma que la empleada en el experimento SelTop, es decir, HMM de Bakis cuyos estados tienen transiciones sólo hacia el estado siguiente y hacia sí mismos. La única variación se da en el número de estados, que pasan a ser sólo tres, ya que se estima que los modelos se adaptarán mejor a la evolución temporal de las notas (Apartado 2.5.6), que están constituidas por tres zonas: la primera, que es la de ataque, a la que sigue la zona de mantenimiento y, finalmente, la zona de relajación. De este modo, se espera que cada uno de los tres estados del HMM modele cada una de dichas zonas de evolución de la nota.

Para obtener resultados que puedan ser comparables al sistema de Durey, las pruebas se realizan sobre las muestras de piano de la base de datos NoFMiAlM.

II.4.1 Extracción de parámetros

Teniendo en cuenta las características de las notas musicales, se proponen dos modificaciones sobre la parametrización seleccionada en el sistema de detección del ritmo, que son las siguientes:

a) Se ha utilizado una frecuencia de muestreo de 22.050 Hz, superior a la usada en el reconocimiento de compases, para poder disponer de mayor información sobre los armónicos superiores de los instrumentos.

b) El tamaño de las ventanas es de 15 ms, es decir, un 25% menor que en el caso anterior, porque el sistema actual está destinado al reconocimiento de notas, que tienen menor duración temporal que los compases (180 ms frente a 1.000 ms de los compases más cortos). El desplazamiento entre ventanas sigue siendo el 50% del tamaño de la ventana, que en este caso es de 7,5 ms.

Una vez establecidos estos parámetros se varía la forma del filtrado, en cuanto a su ancho de banda, el número de filtros y la escala perceptual. Se proponen tres anchos de banda distintos para ser evaluados. Estas bandas corresponden a distintas configuraciones de escalas completas y la zona de armónicos. Teniendo presente que las notas musicales de las muestras pertenecen a las escalas 1, 2 y 3, las bandas de filtrado son:

- Las escalas a las que pertenecen las notas, de la 1 a la 3, es decir, desde 128 a 1.023 Hz.
- Las escalas 1, 2 y 3 junto a las superiores y la zona de armónicos hasta 8.184 Hz.
- Todas las escalas posibles y la zona de armónicos: 64 a 8.184 Hz.

Los límites para el filtrado se calculan como el punto medio entre la última nota de la escala anterior y la primera de la siguiente. En la Figura 5.18 se representan los tres filtrados realizados a las señales musicales.

Otro parámetro en estudio es el número de filtros, que en todos los casos se ha tomado igual al número de notas existentes en el ancho de banda o en secuencias de la forma

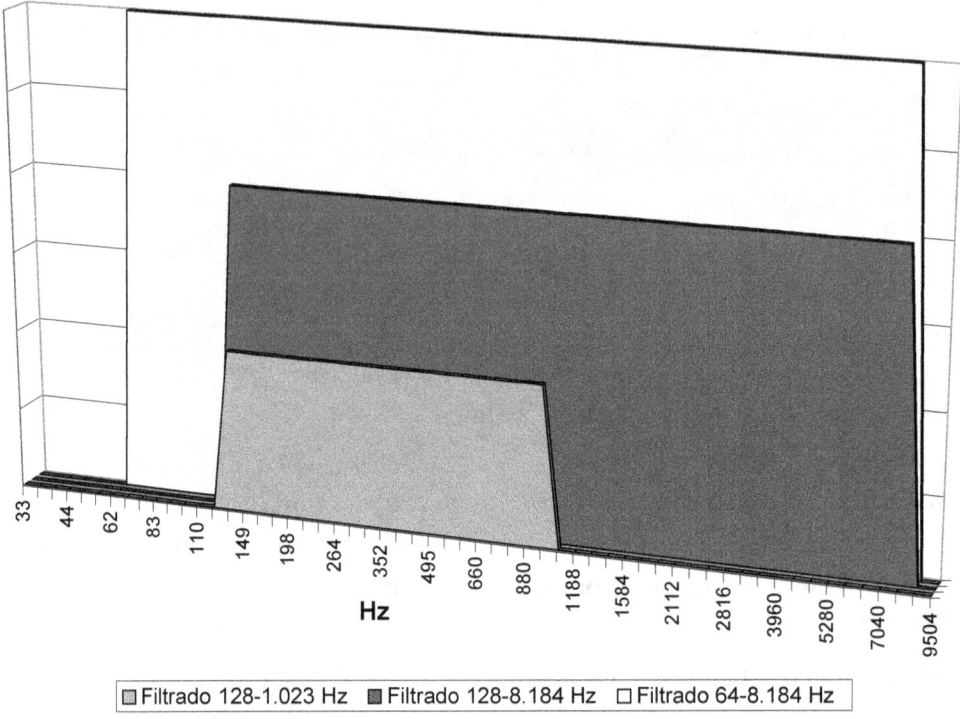

Figura 5.18: Anchos de banda utilizados en el experimento SelFilTopIn.

$$F = 2^{k-1}(M+1) - 1 \quad k \geq 1 \tag{5.9}$$

donde F es el número de filtros y M es el número de notas que existen en el ancho de banda considerado.

La selección del número de filtros de acuerdo a la expresión anterior permite que en la escala musical los centros de los filtros se encuentren en las inmediaciones de las notas y de sus posibles armónicos. En la Figura 5.19 se representan los casos en los que k=1 y k=2 para una octava.

Finalmente, como ya se indicó al principio de este experimento, se utilizan las escalas musical y Mel, para poder comparar el poder discriminador de ambas en las mismas condiciones.

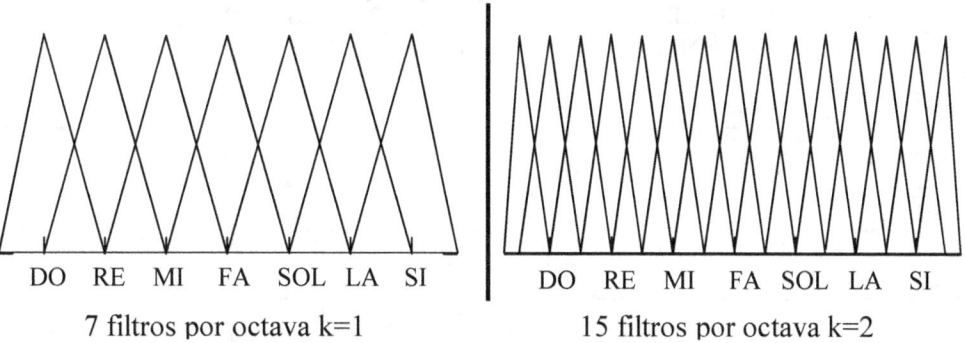

Figura 5.19: Disposición de los filtros en una octava para k=1 y k=2. Las notas están representadas en la escala musical.

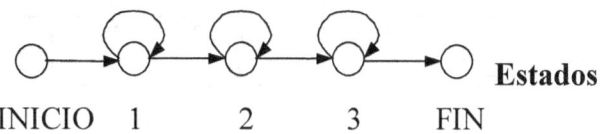

Figura 5.20: Topología de los HMM utilizados inicialmente en la detección de notas.

II.4.2 Topología de los HMM

La evolución temporal de una nota musical se puede dividir en tres partes: zona de ataque, zona de mantenimiento y zona de relajación (Apartado 2.5.6). Este hecho sugiere la utilización de un modelo HMM para cada nota de tres estados de emisión que modelen y detecten cada una de esas tres zonas de las notas. Al igual que en el sistema de detección del ritmo, se usará un modelo de Bakis con transiciones al estado siguiente y al mismo estado (Figura 5.20). Se espera que esta topología mejore los resultados que se obtienen con el sistema de referencia de Durey, porque en él, la topología de los modelos contiene además transiciones cada dos estados no contiguos (Figura 5.13), lo que posibilita el reconocimiento de notas musicales empleando uno, dos o los tres estados del modelo. De este modo se facilita que los HMM introduzcan errores de inserción (Tabla 5.11).

II.4.3 Entrenamiento

Los modelos se inicializan y entrenan de forma aislada, lo que significa que, a partir del etiquetado de las muestras, se toman las secuencias de vectores de parámetros que corresponden a cada nota musical para entrenar a su correspondiente modelo. Para realizar

PARÁMETROS VARIABLES			RESULTADOS				
Escala	Filtrado (Hz)	Número de filtros	PC	% notas borradas	% notas sustituidas	% notas insertadas	PA
Mel	64-8.184	49	97,66	0,60	1,74	1,20	96,46
Mel	128-8.184	35	98,73	0,67	0,60	1,28	97,45
Mel	128-8.184	71	97,49	0,59	1,92	0,98	96,51
Mel	128-1.023	21	98,77	1,22	0,01	1,54	97,23
Mel	128-1.023	43	99,02	0,95	0,03	1,73	97,30
Mel	128-1.023	87	99,17	0,82	0,01	1,09	98,08
Mel	128-1.023	175	99,12	0,82	0,07	1,76	97,37
Musical	64-8.184	49	95,22	0,59	4,18	2,00	93,22
Musical	128-8.184	35	97,73	0,76	1,52	1,48	96,25
Musical	128-8.184	71	97,13	0,62	2,25	1,04	96,09
Musical	128-1.023	21	98,42	1,49	0,09	2,67	95,76
Musical	128-1.023	43	98,90	1,08	0,02	2,03	96,87
Musical	128-1.023	87	99,07	0,91	0,03	0,98	98,08
Musical	128-1.023	175	99,20	0,79	0,01	2,03	97,17

Tabla 5.13: Tasas de reconocimiento y error para el sistema de reconocimiento de notas en configuración de reconocimiento R1.

la inicialización se utiliza el algoritmo de Viterbi para encontrar la secuencia de estados más probable para cada muestra de entrenamiento. Posteriormente se aplica el algoritmo Baum-Welch expuesto en el Apartado 3.3.3. para el entrenamiento aislado de los HMM. Se han realizado las iteraciones necesarias para conseguir diferencias en la probabilidad de generación entre sucesivas iteraciones inferiores a 10^{-5}.

II.4.4 Resultados experimentales

Los resultados de reconocimiento para las distintas configuraciones de parámetros se exponen en la Tabla 5.13. En ella se aprecia que tanto para los coeficientes cepstrum en la escala Mel como en la musical, los mejores resultados se obtienen cuando el filtrado se realiza en el rango de frecuencias fundamentales de las notas musicales que se están reconociendo, es decir, de 128 a 1.023 Hz. Las mejores tasas de precisión se han obtenido en ambas escalas empleando 87 filtros. Esto indica que el número de filtros óptimo es el que se obtiene de la expresión 5.9 con el valor k=3, que corresponde a tres filtros por nota.

Atendiendo a los mejores resultados en ambas escalas, no es posible discernir cuál de ellas es la más apropiada, aunque en media parece que con los coeficientes cepstrum en la escala Mel las tasas de precisión son algo superiores.

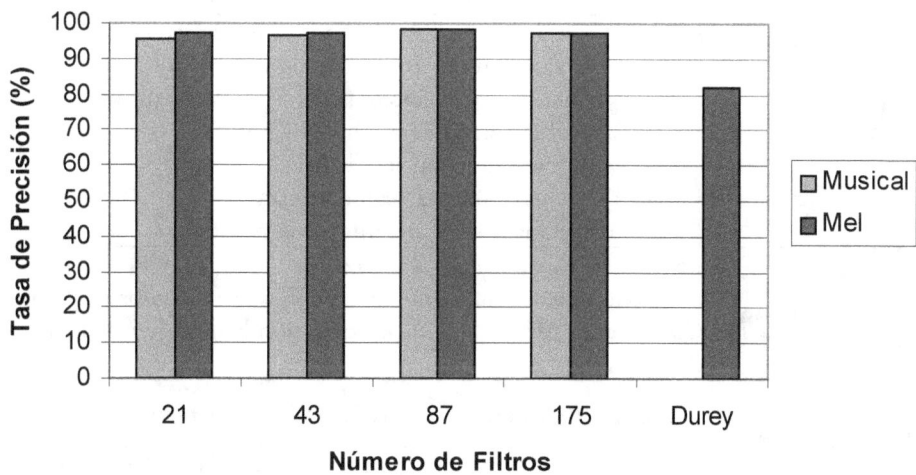

Figura 5.21: Tasas de precisión obtenidas para las escalas Mel y musical, con filtrado de la señal entre 128 y 1.023 Hz y distinto número de filtros.

En la Figura 5.21 se han representado las distintas tasas de precisión PA obtenidas de la parametrización del sistema con las dos escalas y para el filtrado entre 128 y 1.023 Hz, así como el resultado obtenido por el sistema de referencia en análogas condiciones: configuración de reconocimiento R1.

Finalmente en el gráfico se aprecia la diferencia entre las tasas de precisión de los modelos utilizados en el experimento frente a la obtenida por el sistema de referencia. Esta comparativa indica que la parametrización empleada de partida, junto con la topología de los modelos propuesta, son más adecuadas para las condiciones de reconocimiento R1, que las usadas en el modelo de referencia.

II.5 Experimento de selección de la parametrización final

El experimento de selección de la parametrización final, al que también se llamará por brevedad SelParFin, pretende seleccionar la parametrización más adecuada para el reconocimiento multi-instrumental, tanto para notas de duración fija como variable.

En una primera aproximación, consideramos los modelos empleados en el experimento de selección del filtrado y la topología inicial, que se mostraron adecuados para la caracterización de notas musicales de duración fija. En las nuevas condiciones de

Nombre	Selección de la parametrización final (SelParFin)
Objetivo	Evaluar la parametrización en condiciones de reconocimiento R2. FASE 1 (Evaluación del preprocesado): Filtrado, escala perceptual y número de filtros. FASE 2 (Evaluación de la parametrización): Número de coeficientes MFCC. FASE 3 (Evaluación de la segmentación): Tamaño y solapamiento de las ventanas.
Parametrización	Frecuencia de muestreo: 22KHz Segmentación: ventanas de 15 ms con solapamientos de 7,5 ms Coeficientes MFCC y E y sus correspondientes derivadas de 1er y 2° orden.
Unidad de reconocimiento	Notas musicales de las escalas 1, 2 y 3 y el silencio.
Base de datos	Base de datos de muestras con notas aleatorias de duración fija.
Etiquetado	Una etiqueta por nota o silencio.
Gramática	Se permite cualquier secuencia de notas y el silencio con la misma probabilidad.
Topología	Modelos de 3 estados con transiciones al siguiente estado y autobucles.
Entrenamiento	Aislado. Iteraciones sucesivas adelante-atrás hasta llegar a un umbral en la probabilidad de generación de 10^{-5}.

Tabla 5.14: Ficha técnica del experimento SelParFin.

reconocimiento, para que el sistema detecte las mismas notas musicales tocadas por otros instrumentos, los modelos deberán ser entrenados utilizando todos los instrumentos de las muestras de la base de datos NoFMiAlM. Ante una disminución en el rendimiento del sistema en estas condiciones más exigentes, hay que plantear, en principio, la validez de dos aspectos principales del sistema:

1. La topología de los modelos: Puesto que la duración de las notas sigue siendo la misma que en el experimento anterior y se mantiene su estructura de tres fases, se estima que los HMM con tres estados siguen siendo adecuados para el reconocimiento multi-instrumental.

2. La parametrización: Una nota interpretada por distintos instrumentos ofrece una variabilidad adicional en diversas características musicales, sobre todo en lo que respecta a la distribución de los armónicos de la misma.

En consecuencia, la parametrización inicial considerada será la empleada en el experimento SelFilTopIn. A partir de ella se tratará de obtener una parametrización válida para el reconocimiento de notas en una configuración multi-instrumento. Puesto que existen un número alto de variables a estudiar en este experimento, para facilitar el análisis de los resultados y disminuir el número de combinaciones necesarias se van a establecer tres fases:

- FASE 1: Preprocesado. En esta fase se tratará de determinar las frecuencias de corte del filtrado, el número de filtros y la escala perceptual más apropiada. Las variables a analizar en esta fase son las mismas que las que se utilizaron en el experimento SelFilTopIn.

- FASE 2: Parametrización. En esta fase se pretende determinar el número de coeficientes MFCC necesarios para caracterizar adecuadamente las notas musicales.

- FASE 3: Segmentación. Es la fase final en la que se evaluará el tamaño de las ventanas y su solapamiento. Se han escogido estas variables en última instancia porque podrían afectar a la validez o el rendimiento de la topología de los HMM, que deberá ser alterada si se produce dicha modificación. Sin embargo, como ya se ha afirmado anteriormente, se estima que no va a ser necesario cambiar la topología de los modelos.

II.5.1 Extracción de parámetros

La parametrización se ha realizado partiendo de las condiciones fijadas en el experimento anterior. Se ha utilizado un tamaño de ventanas de 15 ms, con un desplazamiento de 7,5 ms. Los parámetros variables son: el filtrado (ancho de banda), el número de filtros y la escala perceptual.

Los anchos de banda evaluados son los mismos que en el experimento anterior:

- Desde 128 a 1.023 Hz.
- Desde 128 hasta 8.184 Hz.
- Desde 64 a 8.184 Hz.

PARÁMETROS VARIABLES			RESULTADOS				
Escala	Filtrado (Hz)	Número de filtros	PC	% notas borradas	% notas sustituidas	% notas insertadas	PA
Mel	128-1.023	21	83,25	2,10	14,65	7,08	76,18
Mel	128-1.023	43	85,15	2,32	12,53	5,45	79,70
Mel	128-1.023	87	82,80	2,73	14,47	5,79	77,02
Mel	128-8.184	35	82,03	1,41	16,56	12,37	69,66
Mel	128-8.184	71	82,67	1,47	15,86	6,55	76,13
Mel	128-8.184	143	81,97	1,61	16,42	5,67	76,30
Mel	64-8.184	49	84,82	1,77	13,41	4,05	80,77
Mel	64-8.184	99	85,16	1,96	12,88	3,79	81,37
Musical	128-1.023	21	83,29	1,82	14,89	6,89	76,40
Musical	128-1.023	43	83,00	1,79	15,21	6,09	76,91
Musical	128-1.023	87	82,35	2,20	15,45	6,20	76,15
Musical	128-8.184	35	83,72	1,04	15,24	6,43	77,30
Musical	128-8.184	71	84,62	1,12	14,27	6,63	77,98
Musical	128-8.184	143	83,18	1,51	15,32	6,96	76,21
Musical	64-8.184	49	86,56	1,44	12,00	4,91	81,65
Musical	64-8.184	99	83,84	1,55	14,61	5,54	78,30

Tabla 5.15: Tasas de reconocimiento y error obtenidas con varias escalas, anchos de banda y número de filtros en la Fase 1 del experimento SelParFin.

El número de filtros que se han evaluado corresponde a la expresión 5.9, sustituyendo el número de notas que existen en el ancho de banda considerado, y para valores de $k=1$, 2 y 3.

Se evaluarán las dos escalas perceptuales consideradas, por lo que se considerarán ambas en la parametrización.

II.5.2 Resultados de la Fase 1 (preprocesado)

Las tasas de error, de aciertos y de precisión para las distintas bandas, escalas y número de filtros se muestran en la Tabla 5.15. Estos resultados iniciales muestran rendimientos muy inferiores a los proporcionados por las dos mejores parametrizaciones obtenidas del experimento anterior. Para un ancho de banda de 128 a 1.023 Hz y 87 filtros, la tasa de precisión PA se sitúa para la escala Mel en 77,02%. En la escala musical es de 76,15%. Los errores producidos por confusiones e inserciones se sitúan en ambos casos en torno al 15% y el 6% respectivamente. Como se esperaba, la introducción de nuevos instrumentos

PARÁMETROS VARIABLES			RESULTADOS				
Escala	Filtrado (Hz)	Número de filtros	PC	% notas borradas	% notas sustituidas	% notas insertadas	PA
Mel	64-8.184	49	87,25	2,46	10,29	4,64	82,61
Musical	64-8.184	49	85,56	2,18	12,31	2,17	83,34
Mel	64-8.184	99	86,35	2,87	10,78	1,77	84,58
Musical	64-8.184	99	84,41	2,73	12,85	1,59	82,83

Tabla 5.16: Tasas de reconocimiento y error obtenidas con un filtrado 64-8.184 Hz, varias escalas y número de filtros en la Fase 1 del experimento SelParFin.

ha incrementado significativamente este tipo de errores, por lo que es necesario mejorar la parametrización.

A pesar de todo, con los datos que se recogen en la tabla anterior se puede extraer una conclusión: los mejores resultados se obtienen con el ancho de banda mayor, pues en las dos escalas proporcionan los dos mejores PA de la serie, superando en algunos casos el 80%. Por tanto, se puede afirmar que es más conveniente utilizar un filtrado en el que se incluyan todas las escalas posibles y la zona de armónicos, es decir, de 64 a 8.184 Hz.

Sin embargo, con los resultados obtenidos no es posible determinar qué cantidad de filtros y qué escala es más adecuada. Para tratar de conocer el número de filtros más apropiado es necesario disponer de más resultados, por ello se repiten las pruebas en los mismos cuatro mejores casos anteriores: ambas escalas y 49 ó 99 filtros, pero eliminando de la parametrización los 15 coeficientes aceleración (14 cepstrum + energía).

La Tabla 5.16 muestra los resultados agrupados por el número de filtros utilizados. En ella se puede ver que la mejor opción es utilizar 99 filtros. Las razones son:

- El coeficiente de precisión medio para las dos escalas es superior al resultante de utilizar 49 filtros.
- Aunque los errores de borrado son algo inferiores usando 49 filtros, los errores de inserción descienden de modo sensible en ambas escalas con 99 filtros.

Con los datos obtenidos hasta el momento, no es posible discernir cuál de las dos escalas perceptuales es mejor, pues no hay diferencias significativas, aunque, como ya se apuntó en el primer experimento, parece que en media es mejor la escala Mel. Por este motivo se mantendrá la escala como variable del experimento en las siguientes fases, hasta que se obtengan resultados concluyentes para su elección.

En la última prueba no se han utilizado coeficientes aceleración para obtener más datos en los que basarse y determinar el número de filtros idóneo. No obstante, los coeficientes de segundo orden se seguirán empleando en la parametrización de las muestras en los sucesivos experimentos.

II.5.3 Resultados de la Fase 2 (parametrización)

A pesar de haberse obtenido tasas de precisión superiores en un 10% a la ofrecida por el sistema de referencia en las mismas condiciones de reconocimiento, es necesario seguir mejorando el reconocimiento de las notas. Aparte de la determinación de la escala perceptual, que será elegida a raíz de los resultados que se obtengan de los experimentos en sucesivas fases, se necesita determinar el número de parámetros empleados en la representación de la señal y el enventanado idóneo de las muestras. Puesto que los cambios en el enventanado pueden afectar a la validez de los HMM propuestos, en esta fase se realizan pruebas para determinar si se necesita más información de la señal, a través de la utilización de mayor número de coeficientes MFCC.

A la vista de los resultados obtenidos expuestos en la Tabla 5.17 y su representación gráfica en la Figura 5.22, se observa una mejora superior al 10% en las tasas de precisión PA en ambas escalas respecto a los resultados de la Fase 1. Por otra parte, los errores de sustitución disminuyen sensiblemente al aumentar el número de coeficientes utilizados. El porcentaje de errores de borrado aumenta un poco y el de inserciones empeora para la escala Mel y mejora un poco en la escala musical. Por último, en la Figura 5.22 se observa que existe un punto de saturación en ambas escalas, a partir del cual añadir más coeficientes MFCC, no supone una mejora de las prestaciones del sistema. En la escala Mel se produce la saturación cuando se utilizan 35 coeficientes y en la musical con 40. Esta diferencia del punto de saturación es debida a que, a pesar de utilizar el mismo número de filtros, éstos se reparten sobre el espectro de diferente forma según la escala. De esta forma, al parametrizar la señal es posible que en una escala los vectores contengan más información de la señal utilizando los mismos coeficientes. Por tanto, parece que lo más indicado es emplear 40 coeficientes MFCC con la escala musical para caracterizar la señal musical, que es el número de coeficientes con los que mejores resultados se obtienen.

Si se observa la Figura 5.22 en lo que se refiere a la eficiencia de cada escala perceptual, puede comprobarse que la escala Mel es mejor en media, puesto que utilizando desde 14 a 30 coeficientes el sistema proporciona mejores tasas de precisión. Con 35

PARÁMETROS VARIABLES		RESULTADOS				
Escala	Número de coeficientes	PC	% notas borradas	% notas sustituidas	% notas insertadas	PA
Mel	14	85,16	1,96	12,88	3,79	81,37
Mel	20	92,49	1,75	5,77	4,29	88,19
Mel	25	95,14	1,50	3,36	4,66	90,48
Mel	30	96,72	1,70	1,58	4,73	91,99
Mel	35	97,39	1,97	0,64	4,93	92,46
Mel	40	97,43	2,10	0,46	5,84	91,60
Mel	45	97,27	2,18	0,55	6,05	91,22
Musical	14	83,84	1,55	14,61	5,54	78,30
Musical	20	92,04	1,21	6,75	6,00	86,04
Musical	25	94,45	1,27	4,28	5,45	89,00
Musical	30	95,94	1,35	2,71	5,24	90,70
Musical	35	97,05	1,33	1,63	4,57	92,47
Musical	40	97,76	1,54	0,70	4,57	93,19
Musical	45	97,50	1,57	0,93	4,60	92,90

Tabla 5.17: Tasas de reconocimiento y error obtenidas con varias escalas y número de coeficientes MFCC, en la Fase 2 del experimento SelParFin.

coeficientes, con ambas escalas se obtienen resultados casi idénticos, y sólo entre 40 y 45 coeficientes MFCC la escala musical ofrece mejores resultados que la escala Mel. Con estos datos, se estima que lo más conveniente es posponer la decisión acerca de la escala para futuros experimentos.

II.5.4 Resultados de la Fase 3 (segmentación)

Una vez fijadas todas las características del filtrado y el número de coeficientes para la extracción de parámetros, es necesario mejorar aún más el rendimiento del sistema. Posiblemente el alto porcentaje de inserciones del que aún adolece el sistema está relacionado con la distinta evolución temporal de las notas de los instrumentos. Se ha observado que las notas emitidas por instrumentos de cuerda (piano y guitarra) tienen una caída más abrupta de la energía de vibración que los de viento (órgano y clarinete), lo que provoca que el sistema trate de insertar una nota más en el caso de estos instrumentos. Este efecto es de índole temporal y puede estar afectando la validez de la segmentación realizada sobre la señal. Este hecho motiva la realización de las pruebas del sistema que se describirán a continuación, consistentes en la evaluación de distintos tamaños de ventana y solapamientos entre éstas para realizar la parametrización.

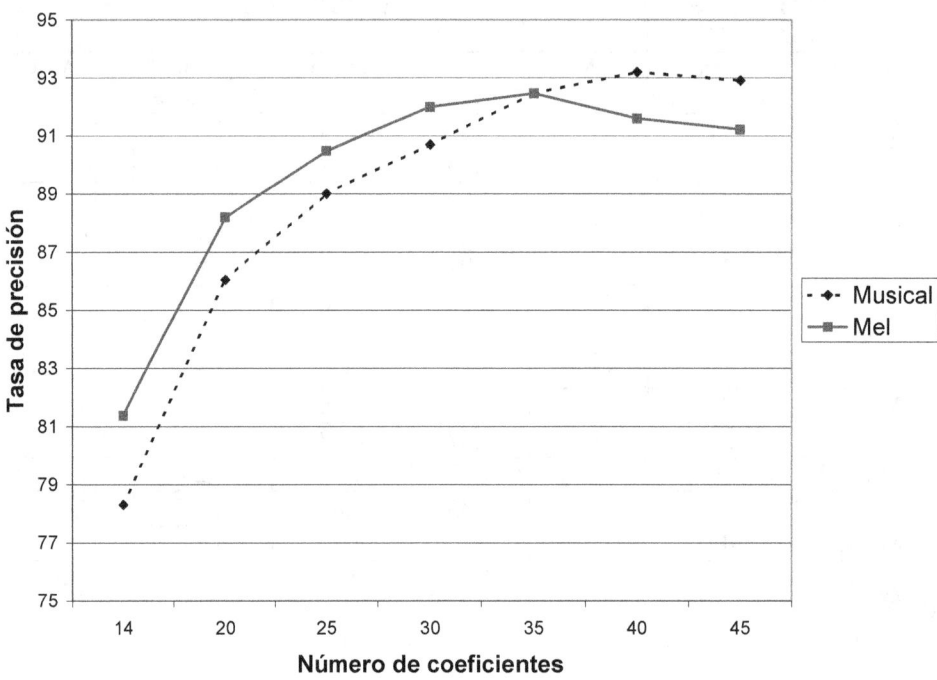

Figura 5.22: Tasas de precisión obtenidas en las escalas Mel y Musical con distinto número de coeficientes MFCC, en la Fase 2 del experimento SelParFin.

En principio, se necesita que el tamaño de las ventanas sea mayor para minimizar el efecto de las inserciones de notas, aunque manteniendo aproximadamente el número de vectores que se generan para no perder información sobre la evolución temporal de las notas musicales. Para ello, los tamaños de ventanas que se han evaluado en el experimento son superiores a 15 ms, que es el valor que se ha estado utilizando inicialmente. El rango de los tamaños de las ventanas oscila entre 30 y 90 ms con solapamientos entre el 50 y el 80%. Con estos valores de los tamaños de las ventanas y de los solapamientos se garantizan los valores máximo y mínimo de vectores de parámetros por cada estado de los modelos. Se ha calculado un máximo de 10 vectores por estado, que corresponde a ventanas de 30 ms de duración y 6 ms de solapamiento, y un mínimo de 1 vector por estado cuando se utilizan ventanas de 90 ms con el 50% de solapamiento.

Los resultados obtenidos se muestran en la Tabla 5.18. En ella se aprecia que es mejor utilizar ventanas mayores que las iniciales y con mayor solapamiento para obtener el mejor porcentaje de reconocimiento. El punto óptimo en ambas escalas se produce para ventanas de 60 ms desplazadas 12 ms. Simultáneamente, también se comprueba que la

PARÁMETROS VARIABLES			RESULTADOS					
Escala	Ventana (ms)	Despl. (ms)	PC	% notas borradas	% notas sustituidas	% notas insertadas	PA
Mel	30	6	98,23	1,55	0,22	4,95	93,28
Mel	30	7,5	98,29	1,54	0,17	6,86	91,43
Mel	30	10	98,16	1,62	0,22	8,31	89,85
Mel	30	15	96,49	3,12	0,39	3,59	92,97
Mel	60	12	98,43	1,25	0,32	0,17	98,26
Mel	60	15	98,11	1,65	0,24	0,05	98,06
Mel	60	20	97,16	2,61	0,23	0,01	97,15
Mel	60	30	95,94	3,63	0,42	0	95,95
Mel	90	18	97,90	1,91	0,19	0,04	97,86
Mel	90	22	97,10	2,65	0,25	0	97,10
Mel	90	30	96,10	3,61	0,30	0,01	96,08
Mel	90	45	94,14	5,49	0,37	0	94,14
Musical	30	6	97,86	1,54	0,60	4,36	93,50
Musical	30	7,5	98,16	1,39	0,45	3,64	94,52
Musical	30	10	98,32	1,39	0,28	2,89	95,44
Musical	30	15	96,69	3,04	0,28	0,86	95,82
Musical	60	12	97,79	1,32	0,89	0,11	97,68
Musical	60	15	97,69	1,52	0,79	0,03	97,66
Musical	60	20	96,64	2,39	0,97	0,04	96,60
Musical	60	30	96,41	3,29	0,86	0	95,85
Musical	90	18	96,38	1,90	1,72	0,04	96,34
Musical	90	22	96,61	2,12	1,28	0,03	96,57
Musical	90	30	96,04	2,53	1,42	0,01	96,04
Musical	90	45	96,04	4,37	1,54	0	94,09

Tabla 5.18: Tasas de reconocimiento y error obtenidas con varios tamaños de ventana y desplazamientos en la Fase 3 del experimento SelParFin.

mejor escala para realizar el reconocimiento de notas es la escala Mel, que ofrece mejores resultados en todos los casos en los que el tamaño de la ventana es igual o mayor de 60 ms, que a su vez coincide con la zona de mejores valores de la tasa de precisión. No obstante, no se puede descartar la utilización de los MFCC en la escala musical para otras aplicaciones de reconocimiento, a tenor de los resultados tan ajustados que se han ido obteniendo en las pruebas realizadas.

Por otra parte, la bondad de los resultados confirma la validez de la topología de los modelos para el reconocimiento de notas de duración fija.

La Figura 5.23 representa la evolución de la tasa de precisión del reconocimiento PA del sistema en las sucesivas mejoras de la parametrización.

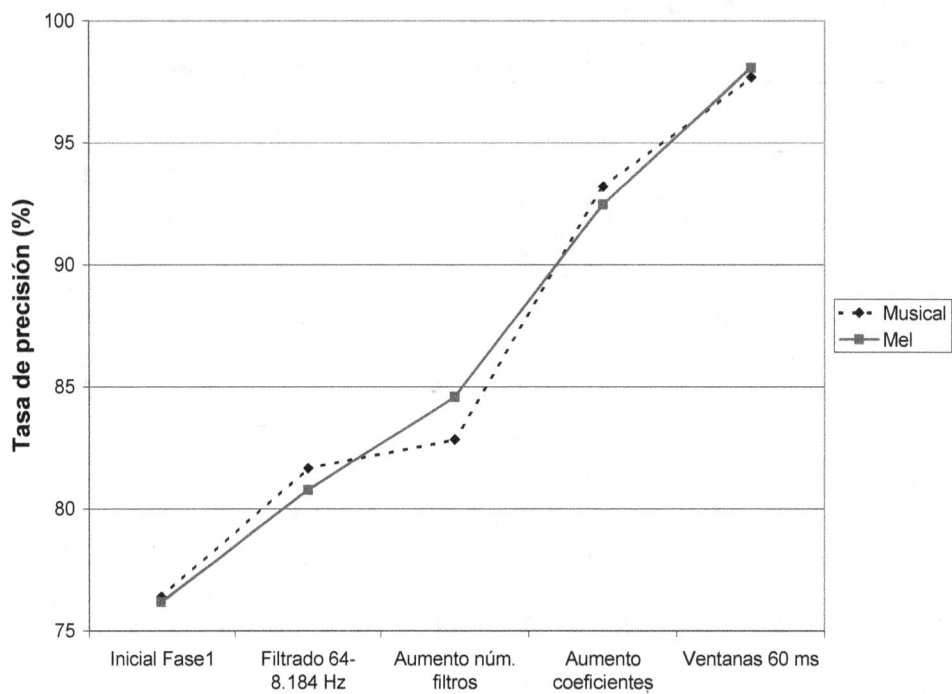

Figura 5.23: Evolución de la tasa de precisión durante las tres fases de ajuste.

Finalmente, conviene recordar que la tasa de precisión del sistema Durey en reconocimiento multi-instrumento y con notas de duración fija es del 71,7%, que es inferior a cualquiera de los resultados que se han obtenido en este experimento a lo largo de sus tres fases [Salcedo 2007]. Se puede concluir así que se ha determinado una parametrización final válida para la configuración de reconocimiento R2.

II.6   Experimento de selección de la topología final

El experimento de selección de la topología final, al que se denominará por brevedad SelTopFin, pretende determinar una topología válida para el reconocimiento multi-instrumental, tanto para notas de duración fija como variable, es decir, en configuración de reconocimiento R3.

Los modelos empleados en los experimentos anteriores, SelFilTopIn y SelParFin (Apartados II.4 y II.5, respectivamente), se mostraron adecuados para la caracterización de notas musicales de duración fija. Sin embargo, las condiciones de reconocimiento más

Nombre	Selección de la topología final (SelTopFin)

Objetivo	Evaluar la topología en condiciones de reconocimiento R3.
	FASE 1 (Topología de las notas):
	   Modelos de nota con distinto número de estados y transiciones.
	FASE 2 (Topología del silencio):
	   Modelos de silencio con distinto número de estados y transiciones.

Parametrización	Frecuencia de muestreo: 22 KHz Filtrado: 64-8.184 Hz Segmentación: ventanas de 60 ms con solapamientos de 12 ms Escala Mel con 99 filtros. 40 coeficientes MFCC y E y sus correspondientes derivadas de 1er y 2° orden.
Unidad de reconocimiento	Notas musicales de las escalas 1, 2 y 3 y el silencio.
Base de datos	Base de datos de muestras con notas aleatorias de duración variable
Etiquetado	Una etiqueta por nota o silencio.
Gramática	Se permite cualquier secuencia de notas y el silencio con la misma probabilidad.
Topología	Modelos con varios tipos de transiciones entre estados.
Entrenamiento	Aislado. Iteraciones sucesivas adelante-atrás hasta llegar a un umbral en la probabilidad de generación de 10^{-5}.

Tabla 5.19: Ficha técnica del experimento SelTopFin.

exigentes impuestas al sistema implican la necesidad de volver a evaluar la topología de los modelos. La novedad consiste en añadir en el reconocimiento notas con distintas figuras, desde la semicorchea (180 ms) hasta la blanca (2.880 ms). Puesto que la duración de las notas que se añaden es superior a las existentes, en la parametrización se obtendrán más vectores-muestra cuya emisión deberá ser asumida por los estados del modelo. Hay que tener en cuenta que, con la parametrización obtenida del experimento anterior, una semicorchea está compuesta por 15 vectores-muestra, mientras que la figura mayor, la blanca, estará integrada por 240 vectores. En el caso en el que este aumento de los vectores muestra sea excesivo, puede que el modelo se "sature" y finalice su último estado antes de que se acaben los observables de la nota que se estaba reconociendo. De este modo es posible que, para explicar los observables restantes, se necesite insertar de nuevo el modelo de la misma nota, creando un error de inserción. Por tanto, previsiblemente se necesiten modelos con mayor número de estados, que al mismo tiempo, sean capaces de modelar las notas de corta duración. Para evitar estos problemas es aconsejable incluir transiciones adicionales entre estados.

Por otra parte, se estima que el silencio necesitará una topología diferente de la que se emplee en las notas musicales, puesto que la única estructura temporal que puede atribuirse al mismo es:

- Comienzo: compuesto por los vectores-muestra de la nota anterior cuya energía es tan débil que puede considerarse ya como silencio.

- Final: compuesto por los vectores-muestra en los que empieza a haber un incremento de la energía por la aparición de la siguiente nota musical.

Como se observa, esta evolución temporal es distinta a la que poseen las notas, que, como se recordará, tiene tres fases, por lo que su topología será distinta.

El experimento se ha realizado en dos fases para facilitar el análisis de los resultados. Estas fases corresponden con los dos problemas anteriormente expuestos respecto a la topología de los modelos de las notas y del silencio. Las fases son:

- FASE 1: Topología para las notas. Trata de determinar la topología de las notas musicales. El silencio se modela del mismo modo que el resto de las notas.

- FASE 2: Topología para el silencio. En esta fase se pretende encontrar la topología más apropiada para el silencio.

II.6.1 Topología de los HMM

Como se indica en la introducción del experimento, se estima que será necesario realizar dos cambios en la topología de los modelos: el primero afecta al número de estados y el segundo a las transiciones permitidas entre estados.

Puesto que en ambos casos se trata de buscar una topología de los HMM adecuada para modelar las notas musicales, en primer lugar, y el silencio, en segundo lugar; las pruebas se van a realizar en el mismo orden en ambas fases:

- Primero se tratará de determinar el número más apropiado de estados. Como las nuevas muestras incluyen notas musicales de mayor duración que las anteriores, se espera que los modelos necesiten más estados, por lo que las pruebas se realizan

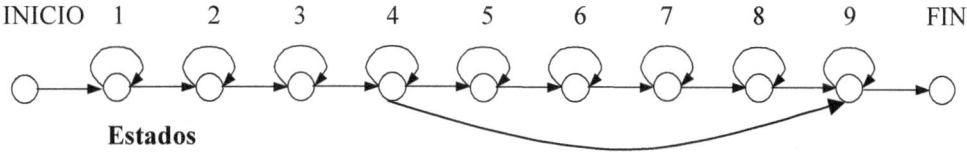

Figura 5.24: Topología del modelo de 9 estados para la detección de notas de duración variable.

empleando modelos de entre 3 y 10 estados. Estos modelos mantienen la misma tipología respecto a las conexiones que el modelo inicial, es decir, con transiciones sólo al siguiente estado y autobucles.

- En segundo lugar tratarán de determinar el número y posición de las transiciones adicionales entre los distintos estados. Una posible solución inicial podría ser definir una transición entre un estado del centro del modelo y la salida de éste, con la idea de que los vectores de las notas de duración corta sean modelados por los primeros estados del modelo y los pertenecientes a notas de duración larga por todos ellos. En la Figura 5.24 se reproduce un ejemplo de topología de los HMM propuesta para modelar las notas.

II.6.2 Entrenamiento

La inicialización de los modelos y la primera serie de entrenamientos se realiza sobre la base de datos NoFMiAlM, del mismo modo que se entrenaron los HMM en los dos experimentos anteriores. Una vez que los modelos se han inicializado empleando las notas de duración fija, se vuelven a entrenar de modo aislado utilizando la base NoVMiAlM, que está constituida por las muestras con notas musicales de distintas figuras. Estas dos etapas en el entrenamiento de los modelos se pueden observar en la Figura 5.25, donde se representa la evolución de la probabilidad de generación del modelo de 9 estados de la nota Do_3, que presenta una transición intermedia adicional desde el cuarto al noveno estado. La probabilidad de generación evoluciona en dos etapas:

- La primera etapa corresponde al entrenamiento con la base de datos NoFMiAlM con semicorcheas.

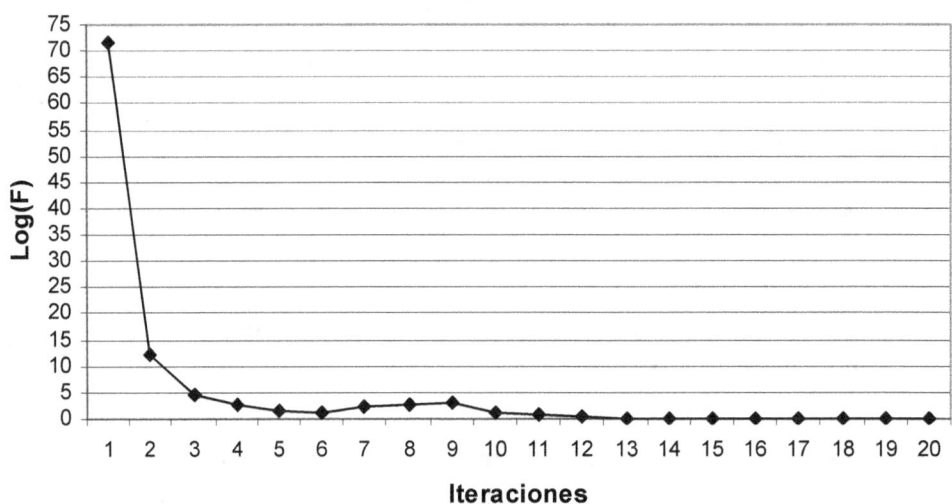

Figura 5.25: Convergencia de la probabilidad de generación del modelo de 9 estados con una transición intermedia correspondiente a la nota Do$_3$.

- La segunda, que corresponde al entrenamiento sobre la base NoVMiAlM, en la que ya se alcanza la convergencia con diferencias entre valores sucesivos de la probabilidad de generación de los modelos inferiores a 10^{-5}.

II.6.3 Resultados de la Fase 1 (topología para las notas)

Como se indicó en el Apartado B.6.1, inicialmente se van a evaluar modelos con mayor número de estados. Estos HMM son de Bakis sólo con transiciones al estado siguiente y a sí mismos. La Tabla 5.20 muestra los resultados obtenidos con la parametrización final definida en el experimento anterior.

Lo primero que se observa es que se cumplen los pronósticos que se hicieron al principio del experimento: los modelos de tres estados no son adecuados para modelar notas de duración variable. La tasa de precisión PA se sitúa en 83,42%, destacando los errores producidos por las inserciones, que son el 14,02%. Esta disminución de la tasa de precisión se debe a la falta de capacidad de los HMM para "absorber" todos los vectores de emisión de las notas más largas, lo que provoca que termine la detección antes de tiempo, y la inserción posterior de la misma nota.

A medida que aumenta el número de estados de los modelos, se aprecia una mejoría significativa de la tasa de precisión y del porcentaje de errores de inserción y de

PARÁMETROS VARIABLES	RESULTADOS				
Número de estados HMM	PC	% notas borradas	% notas sustituidas	% notas insertadas	PA
3	97,44	1,95	0,61	14,02	83,42
4	95,84	3,15	1,01	1,21	94,63
5	95,93	3,92	0,15	0,61	95,32
6	95,50	4,38	0,12	0,40	95,10
7	95,36	4,62	0,02	0,38	94,98
8	95,12	4,87	0,01	0,37	94,75
9	93,71	6,28	0,01	0,32	93,39
10	93,52	6,46	0,02	0,28	93,24

Tabla 5.20: Tasas de reconocimiento y error del sistema de reconocimiento con topologías con distinto número de estados, en la Fase 1 del experimento SelTopFin.

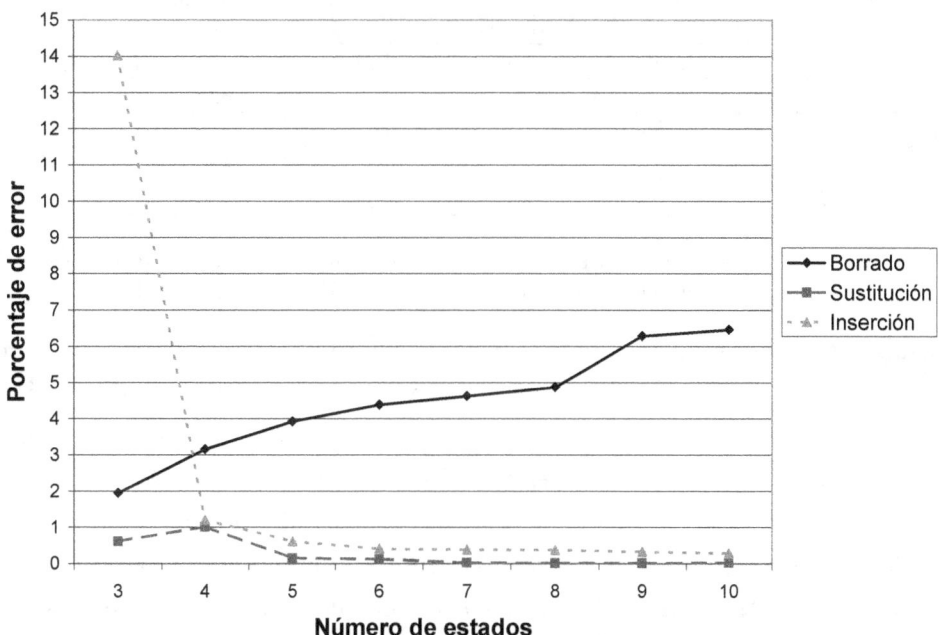

Figura 5.26: Evolución de los errores de borrado, sustitución e inserción frente al número de estados de los HMM, en la Fase 1 del experimento SelTopFin.

sustitución (Figura 5.26). Sin embargo, la evolución de los errores de borrado es la inversa respecto al aumento del número de estados de los modelos. Así, a partir de 5 estados, su evolución condiciona de modo notable el valor de la tasa de precisión.

Este hecho se debe a que se está produciendo el efecto contrario al que se quiere subsanar. Las notas de mayor duración (blancas y redondas) se reconocen mejor cuantos

PARÁMETROS VARIABLES		RESULTADOS				
Número de estados HMM	Transición añadida	PC	% notas borradas	% notas sustituidas	% notas insertadas	PA
5	2-5	96,29	3,16	0,55	3,98	92,31
6	3-6	96,08	3,39	0,53	4,13	91,95
7	3-7	95,47	4,15	0,39	1,50	93,96
8	4-8	94,74	5,25	0,02	0,87	93,86
9	4-9	96,55	3,11	0,34	1,10	95,45
10	5-10	95,59	4,13	0,28	1,06	94,53

Tabla 5.21: Tasas de reconocimiento y error del sistema de reconocimiento con HMM de distinto número de estados y transiciones intermedias, en la Fase 1 del experimento SelTopFin.

PARÁMETROS VARIABLES	RESULTADOS				
Transiciones añadidas	PC	% notas borradas	% notas sustituidas	% notas insertadas	PA
1-4, 4-7, 7-9	97,03	2,61	0,35	4,59	92,45
1-3, 2-9	97,04	2,33	0,63	8,96	88,08
3-FIN	97,33	2,18	0,49	4,76	92,57
4-FIN	97,01	2,48	0,51	4,55	92,46
4-9	96,55	3,11	0,34	1,10	95,45

Tabla 5.22: Tasas de reconocimiento y error del sistema de reconocimiento con HMM de 9 de estados y diversas transiciones intermedias, en la Fase 1 del experimento SelTopFin.

más estados tienen los modelos, pero al mismo tiempo, las notas cortas (semicorcheas y corcheas) se detectan en menor medida cuando los modelos tienen mayor número de estados. Para subsanar este problema se tratará de modelar las variaciones de tiempo de las notas a través de transiciones adicionales entre los estados de los modelos.

Como se explicó en el Apartado II.6.1, las pruebas se realizan con modelos entre 5 y 10 estados con una transición de un estado central al último estado de emisión.

La Tabla 5.21 muestra los resultados obtenidos para los distintos modelos propuestos. La nueva transición que se añade se indica con un par de números que representan la posición de los estados de emisión conectados entre sí.

De todos ellos el que mejor resultado proporciona es el de 9 estados con una transición intermedia (de los estados 4 al 9). Sin embargo, el resultado no es satisfactorio, por lo que se realizan nuevas pruebas utilizando distintas transiciones entre estados que permitan a los HMM modelar mejor la diferente duración de las notas. En todas las pruebas se usó el modelo de 9 estados, que es el que mejores resultados ha ofrecido hasta el momento.

ARQUITECTURA HMM		RESULTADOS				
Número de estados HMM	Transición añadida	PC	% notas borradas	% notas sustituidas	% notas insertadas	PA
9	4-9	97,86	1,80	0,34	1,09	96,77

Tabla 5.23: Resultados obtenidos sin incluir los silencios, con la topología de 9 estados y una transición intermedia para los HMM, en la Fase 1 del experimento SelTopFin

La Tabla 5.22 muestra las tasas de error y reconocimiento obtenidas para las distintas configuraciones del modelo de 9 estados. En ella, el índice "FIN" en las transiciones añadidas expresa el estado de salida del modelo. Se observa que una configuración de transiciones diferente mejora la tasa de reconocimiento PC, pero a costa de elevar aún más los errores producidos por inserciones.

Si se analizan los resultados de la mejor topología con mayor detenimiento, calculando las medidas de error y reconocimiento y extrayendo de ellas los valores correspondientes al modelo de silencio, se aprecia que el resto de las notas quedan razonablemente bien modeladas (Tabla 5.23). La disminución del error de borrado que se observa en la Tabla 5.23 indica que es necesario modelar el silencio de forma diferente a una nota musical. No obstante, sin haber resuelto la búsqueda de una topología adecuada para el modelo de silencio, los resultados obtenidos en reconocimiento multi-instrumental con notas de duración variable (configuración R3) son muy superiores a los que ofrece el sistema de referencia Durey, que tiene una tasa de precisión del 41,69% (Tabla 5.11).

Las pruebas conducentes a la determinación de la topología del silencio se realizarán en la siguiente fase del experimento.

II.6.4 Resultados de la Fase 2 (topología para el silencio)

En esta fase se realizan las pruebas siguiendo un orden similar al usado en la fase anterior. En primer lugar, se evalúan para el silencio topologías de 3 a 10 estados sólo con transiciones al siguiente estado o a sí mismo. Posteriormente se prueban también modelos en los que se inserta una transición entre un estado intermedio y el último estado. Para las notas musicales se utiliza el modelo de nueve estados con la transición intermedia, que es el que mejores resultados ofrece.

Los resultados se encuentran expuestos en la Tabla 5.24, donde puede observarse que mejoran los obtenidos cuando el modelo de silencio era igual a los de las notas musicales. Sin embargo, la mejora experimentada en la tasa de precisión no es la esperada, pues la tasa de errores de borrado no es suficientemente buena. La hipótesis más plausible

PARÁMETROS VARIABLES		RESULTADOS				
Número de estados HMM	Transición añadida	PC	% notas borradas	% notas sustituidas	% notas insertadas	PA
3	Ninguna	97,21	2,49	0,29	2,83	94,39
4	Ninguna	96,95	2,79	0,27	0,39	96,55
5	Ninguna	96,94	2,80	0,27	0,39	96,54
6	Ninguna	96,93	2,81	0,27	0,39	96,53
7	Ninguna	96,93	2,79	0,28	0,36	96,57
8	Ninguna	96,69	3,02	0,28	0,35	96,35
9	Ninguna	96,69	3,02	0,28	0,35	96,35
10	Ninguna	95,96	3,74	0,29	0,35	95,62
3	1-3	97,21	2,49	0,29	2,87	94,35
4	2-4	96,94	2,80	0,27	0,39	96,54
5	2-5	97,13	2,61	0,27	1,06	96,06
6	3-6	97,02	2,64	0,34	0,98	96,04
7	3-7	97,02	2,64	0,34	0,98	96,04
8	4-8	96,81	2,70	0,48	0,82	96,00
9	4-9	96,81	2,70	0,49	0,82	95,99
10	5-10	97,13	2,61	0,27	1,06	96,06

Tabla 5.24: Tasas de reconocimiento y error del sistema de reconocimiento con topología diferenciada para los modelos de notas y el silencio, en la Fase 2 del experimento SelTopFin.

ARQUITECTURA HMM		RESULTADOS				
Número de estados HMM	Transición añadida	PC	% notas borradas	% notas sustituidas	% notas insertadas	PA
9	4-9	99,54	0,39	0,07	21,10	78,44

Tabla 5.25: Resultados obtenidos sin incluir los silencios en el etiquetado de las muestras y con la topología de 9 estados y una transición intermedia para los HMM, en la Fase 2 del experimento SelTopFin

acerca de este hecho es que el silencio no se está modelando adecuadamente debido a los distintos tiempos de relajación de las notas en función del instrumento que las toca: la energía de la nota decae mucho más rápido en la guitarra y en el piano que en el órgano y el clarinete. Esta diferencia se hace mucho más evidente cuando el silencio se encuentra tras una nota de corta duración (semicorchea o corchea). Para comprobar la validez de esta hipótesis se han llevado a cabo dos pruebas:

a) En la primera se ha probado un reconocimiento sin usar el modelo de silencio, y eliminando del etiquetado los silencios. Los resultados obtenidos (Tabla 5.25) no son del todo concluyentes, pues el sistema intenta interpretar los espacios de la

PARÁMETROS VARIABLES		RESULTADOS				
Número de estados HMM	Transición añadida	PC	% notas borradas	% notas sustituidas	% notas insertadas	PA
3	Ninguna	99,23	0,50	0,27	3,22	96,01
4	Ninguna	99,13	0,62	0,24	1,01	98,13
5	Ninguna	99,13	0,62	0,24	1,01	98,13
6	Ninguna	99,13	0,62	0,24	1,01	98,13
7	Ninguna	99,11	0,62	0,26	0,99	98,13
8	Ninguna	98,87	0,87	0,26	0,98	97,89
9	Ninguna	98,87	0,87	0,26	0,98	97,89
10	Ninguna	98,15	1,59	0,26	0,97	97,18
3	1-3	99,24	0,50	0,26	3,35	95,89
4	2-4	99,12	0,63	0,24	1,01	98,12
5	2-5	99,20	0,56	0,24	1,84	97,36
6	3-6	99,12	0,56	0,32	1,73	97,39
7	3-7	99,12	0,56	0,32	1,73	97,39
8	4-8	98,97	0,57	0,47	1,51	97,45
9	4-9	98,96	0,57	0,48	1,50	97,45
10	5-10	99,20	0,56	0,24	1,84	97,36

Tabla 5.26: Tasas de reconocimiento y error del sistema con topología diferenciada para los modelos de notas y silencios superiores a negra, en la Fase 2 del experimento SelTopFin.

señal donde anteriormente existían silencios como notas, incrementando las inserciones de manera significativa 21,10%, aunque la detección de notas está a un nivel excepcional, con una tasa de precisión PA del 99,54%.

b) La segunda serie de pruebas consiste en evaluar las mismas topologías para el modelo de silencio que al inicio de esta fase (Tabla 5.24). La diferencia consiste en que en estas pruebas se eliminan del etiquetado los silencios menores de una negra (corcheas y semicorcheas) y los vectores de la señal correspondientes a estos silencios se asignan a la nota anterior. La Tabla 5.26 recoge los nuevos resultados procedentes de estos experimentos.

Los resultados confirman la hipótesis efectuada anteriormente, pues con todos los modelos de silencio utilizados se gana un 1,5 % aproximadamente en la tasa de precisión. La mejora de las medidas de reconocimiento del sistema se debe a la sensible disminución del porcentaje de errores de borrado.

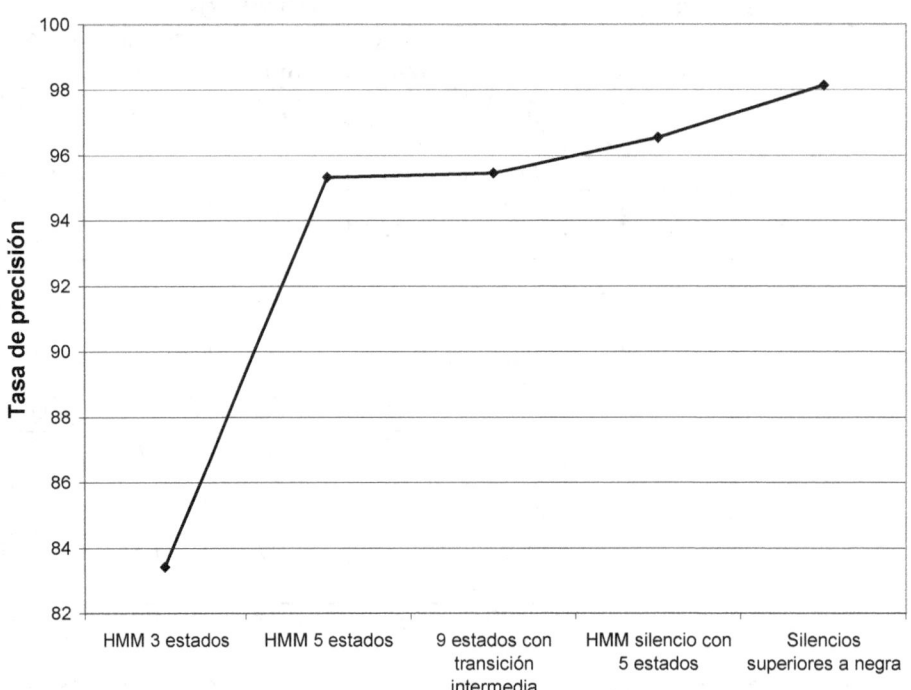

Figura 5.27: Evolución de la tasa de precisión en las mejoras sucesivas realizadas en la tercera fase.

En este punto se puede considerar que la parametrización de las señales musicales y la configuración de los modelos están suficientemente definidos, pues con ellas se consigue un sistema capaz de reconocer notas musicales independientemente del instrumento y de la duración de las notas. A pesar de que el sistema no es capaz de reconocer todos los silencios con duración de semicorcheas y corcheas, este hecho no supone una limitación para la utilización del sistema en aplicaciones reales, por los dos motivos siguientes:

1. Los silencios de semicorchea (180 ms) y corchea (360 ms) son tan cortos en su duración, que son también muy difíciles de detectar por un oyente humano en las mismas condiciones. Por lo tanto, una persona que transcribiese la melodía no escribiría silencios de duración similar o inferior a la partitura. A efectos prácticos es usual añadir los silencios al final de la nota inmediatamente anterior [Iríbar 1997] para tratar de extraer la partitura de una grabación fonográfica.

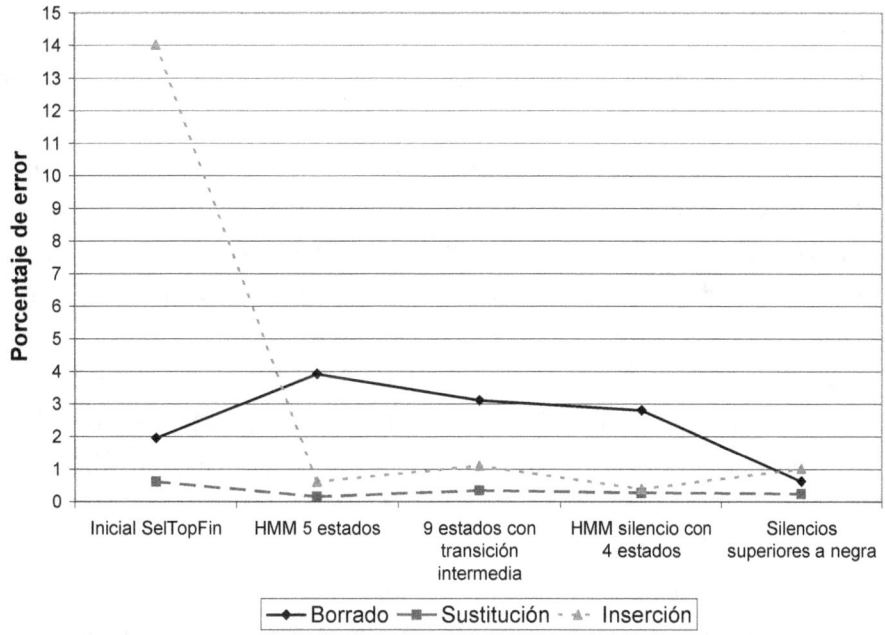

Figura 5.28: Evolución de las tasas de error del sistema en las mejoras realizadas en la tercera fase.

2. Los silencios de muy corta duración (figuras inferiores a la nota negra en este caso) aparecen en las partituras musicales como resultado del ajuste de las notas de una melodía al ritmo impuesto por un compás determinado. Este hecho hace que el problema pueda ser soluble en el ámbito gramatical, del mismo modo que en el proceso de la composición musical [Schoenberg 1979].

En la Figura 5.27 se puede apreciar la evolución de la tasa de precisión a lo largo de las pruebas practicadas en las dos fases del experimento. La Figura 5.28 muestra los errores en las sucesivas mejoras realizadas durante el experimento.

II.7 Validación del sistema de reconocimiento de notas musicales

En el presente apartado se presenta el sistema de detección de notas musicales propuesto, cuya configuración idónea se ha ido determinando a través de los sucesivos experimentos realizados anteriormente. Una vez determinado el sistema, es necesario confrontarlo con el de referencia, el sistema de Durey. Para ello, se evaluará la eficiencia del sistema propuesto en las condiciones de reconocimiento R4 y R5, es decir, con muestras musicales procedentes de archivos MIDI que corresponden a composiciones reales, en lugar de muestras de notas aleatorias. La diferencia entre la configuración R4 y R5 estriba en que en R4 las muestras empleadas para el reconocimiento son interpretadas por el mismo conjunto de instrumentos con el que se realizó el entrenamiento de los modelos, mientras que en R5 el conjunto de instrumentos de las muestras de reconocimiento es distinto al de entrenamiento.

Hay que destacar que en estas pruebas de validación no se realiza ningún entrenamiento adicional de los modelos de las notas y el silencio. Se emplean directamente los HMM obtenidos al final del experimento de selección de la topología final (SelTopFin).

II.7.1 Extracción de parámetros

La parametrización final propuesta para el sistema (Apartado II.5) se realiza muestreando la señal de música con una frecuencia de 22,05 KHz. Posteriormente la señal se segmenta utilizando ventanas de Hamming de 60 ms desplazadas 12 ms entre sí. Para calcular los MFCC se realiza un filtrado paso-banda de la señal entre 64 y 8.184 Hz. Se utilizan 99 filtros triangulares en la escala Mel. Finalmente, para conformar cada vector de parámetros se toman los 40 primeros coeficientes MFCC, la energía y sus correspondientes coeficientes derivados de primer y segundo orden. De este modo cada vector-muestra contiene 123 coeficientes.

II.7.2 Gramática

Las notas que aparecen en las muestras musicales pertenecen a las escalas 1, 2 y 3. Por lo tanto, se tienen 21 notas distintas más el silencio, lo que hace en total 22 símbolos distintos. La gramática utilizada permite cualquier secuencia de notas y silencios.

II.7.3 Topología de los HMM

Las pruebas realizadas en el experimento de selección de la topología final (Apartado II.6), llevaron a proponer dos topologías distintas para los HMM, una para modelar las notas musicales, y otra para el silencio. En el caso de las notas musicales consiste en un modelo de Bakis de 9 estados emisores, entre los que existen transiciones al estado siguiente y de autobucle. Además, existe una transición adicional hacia delante entre el cuarto y el noveno

RESULTADOS				
PC	% notas borradas	% notas sustituidas	% notas insertadas	PA
91,61	6,35	2,04	1,14	90,47

Tabla 5.27: Tasas de reconocimiento y error del sistema con música real monofónica utilizando distintos modelos de silencio.

estado. Para el silencio, la arquitectura consiste en un modelo con 4 estados emisores, también de Bakis, con transiciones sólo al estado siguiente y de autobucle.

II.7.5 Reconocimiento multi-instrumental con música real monofónica (configuración R4)

Para evaluar el sistema en configuración R4, se utiliza un subconjunto de la base de datos NoVMiReM, compuesta por muestras de música real MIDI monofónica, interpretadas por los cinco instrumentos que se emplearon en el entrenamiento: clarinete, piano, vibráfono, guitarra y órgano. Este tipo de reconocimiento, en el que el sistema es capaz de detectar notas musicales interpretadas por distintos instrumentos, se denomina multi-instrumental. De este modo se pretende evaluar los modelos en condiciones similares a lo que en voz se llama reconocimiento multilocutor.

La Tabla 5.27 muestra los resultados obtenidos en el experimento, en los que cabe destacar la subida del valor de los distintos errores, pero muy especialmente el que se refiere a las notas no detectadas. Si se analizan los resultados por instrumentos (Tabla 5.28) se observa que los porcentajes de error no se distribuyen de manera equilibrada entre los distintos instrumentos. El vibráfono y el piano tienen una tasa de precisión inferior al resto de los instrumentos, que se encuentran por encima de la media (90,47%). Probablemente este hecho se debe a las características especiales de estos dos instrumentos: el piano es un instrumento cordófono de cuerdas percutidas y el vibráfono es idiófono de sonido determinado. Esto significa que ambos son instrumentos que se basan en la percusión para producir el sonido, el primero sobre una cuerda y el segundo sobre láminas de metal. Precisamente, los sonidos producidos por instrumentos de percusión son los más difíciles de analizar y sintetizar por la cantidad de frecuencias que aparecen en una misma nota [Macon 1998] y, por otro lado, por las características impulsivas de la zona de ataque de las notas [Laroche 1994].

Si se comparan las tasas de reconocimiento correcto PC o las tasas de precisión PA obtenidas con las del sistema de referencia (Apartado II.2), que se encuentran expuestos en

PARÁMETROS VARIABLES	RESULTADOS				
Instrumento	PC	% notas borradas	% notas sustituidas	% notas insertadas	PA
Piano	84,73	13,44	1,83	0	84,73
Vibráfono	81,67	15,68	2,65	4,89	76,78
Organo	91,65	2,65	5,70	0	91,65
Guitarra	100	0	0	0,61	99,39
Clarinete	100	0	0	0,20	99,80

Tabla 5.28: Tasas de reconocimiento y error del sistema con música real monofónica por instrumento.

SISTEMAS	RESULTADOS				
	PC	% notas borradas	% notas sustituidas	% notas insertadas	PA
Sistema de Durey	65,57	16,17	18,26	152,19	-86,62
Sistema desarrollado	91,61	6,35	2,04	1,14	90,47

Tabla 5.29: Comparativa de las tasas de reconocimiento y error del sistema desarrollado y el sistema de referencia Durey con música real monofónica.

la Tabla 5.29, se observa que son muy superiores. La principal diferencia entre los resultados de ambos sistemas estriba en los errores de inserción, lo que parece indicar que la topología propuesta por Durey y Clements no es apropiada para modelar la evolución temporal de las notas musicales.

II.7.6 Reconocimiento de música real independiente del instrumento (configuración R5)

Este experimento tiene por objeto la verificación de los modelos de las notas en condiciones de reconocimiento independiente del instrumento, lo que implica que los instrumentos que interpretan las muestras utilizadas en el entrenamiento de los modelos son distintos a los de las muestras empleadas en el reconocimiento. Esta configuración de reconocimiento, que se denominó R5, sería análoga a lo que en voz se denomina independiente del locutor. Las pruebas realizadas son análogas a las del anterior experimento, con la excepción de que el reconocimiento se ha llevado a cabo utilizando el subconjunto de grabaciones de la base de datos NoVMiReM que contiene los instrumentos que no se han empleado en el entrenamiento de los modelos. Estos nuevos instrumentos incluidos en NoVMiReM son: el xilófono, la guitarra eléctrica, la flauta, la trompeta y el violín.

PARÁMETROS VARIABLES	RESULTADOS				
Instrumento	PC	% notas borradas	% notas sustituidas	% notas insertadas	PA
Xilófono	18,13	74,13	7,74	0	18,13
Guitarra eléctrica	99,59	0	0,41	0,41	99,18
Flauta	90,63	8,35	1,02	0,81	89,82
Trompeta	95,52	3,46	1,02	0,61	94,91
Violín	82,28	15,27	2,44	0,20	82,08

Tabla 5.30: Tasas de reconocimiento y error del sistema en configuración de reconocimiento R5.

SISTEMAS	RESULTADOS				
	PC	% notas borradas	% notas sustituidas	% notas insertadas	PA
Sistema de Durey	78,94	6,85	14,21	243,99	-165,05
Sistema desarrollado	77,23	20,24	2,53	0,41	76,82

Tabla 5.31: Comparativa de las tasas de reconocimiento y error del sistema desarrollado y el sistema de referencia de Durey en configuración de reconocimiento R5.

Los resultados experimentales obtenidos se recogen en la Tabla 5.30, pudiéndose calificar de buenos para la guitarra eléctrica y la trompeta y de aceptables para el violín y la flauta. El xilófono es el que peores tasas presenta con gran diferencia. Éste es precisamente el único instrumento de percusión (idiófono) de esta serie, presentando una particularidad relevante frente al vibráfono, y es que el xilófono no está provisto del motor y los tubos resonadores de los que dispone el vibráfono para aumentar el volumen y la duración de los sonidos. Este hecho implica que las mismas notas tocadas con un xilófono tienen una fase de relajación mucho más rápida que las producidas por el vibráfono, lo que explica la gran cantidad de notas no detectadas por los modelos en las grabaciones del xilófono.

Estos resultados confirman que la parametrización obtenida para la detección de notas independientemente del instrumento es adecuada puesto que la media de la tasa de precisión de los nuevos instrumentos, eliminando el xilófono, es del 91,50%, que es un valor muy parecido a la media de 90,47% que se obtuvo para los otros instrumentos (Tabla 5.31).

La comparación de las tasas de precisión (Tabla 5.31) indica que el sistema desarrollado es mucho más eficiente que el de Durey en condiciones de independencia del instrumento. Sin embargo, en la Tabla 5.31 se observa que los errores de borrado son

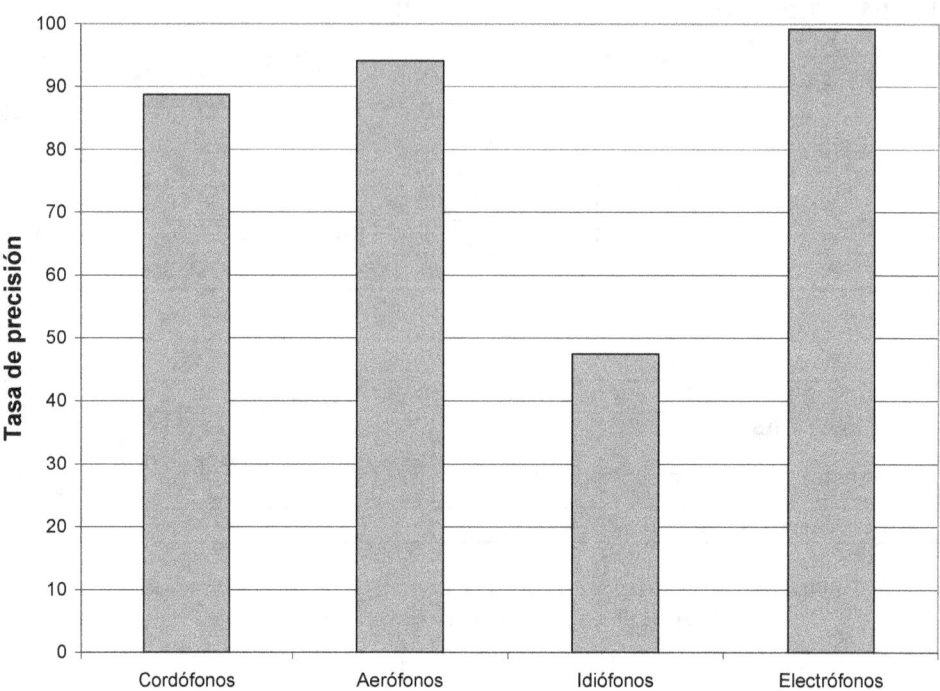

Figura 5.29: Tasas de precisión del sistema en función del tipo de instrumento.

sensiblemente menores para el sistema de Durey. Este hecho se debe, probablemente, a que los modelos propuestos del sistema de referencia modelan mejor las notas de corta duración, especialmente las emitidas por el xilófono, que tienen un decaimiento mucho más acusado que las de otros instrumentos. La ventaja de la topología propuesta por Durey es que los modelos tienen sólo tres estados emisores con transiciones que permiten la evolución de los mismos a través de uno, de dos o de los tres estados. En el sistema propuesto la evolución de un HMM debe pasar, al menos, por cinco estados emisores, lo que dificulta el reconocimiento de notas musicales más cortas de lo usual.

La Figura 5.29 representa las tasas de precisión medias por familia de instrumentos calculadas a partir de los resultados de las Tablas 5.28 y 5.30. A tenor de las tasas obtenidas para cada tipo de instrumento se constata que los modelos son capaces de reconocer notas con unas tasas de error aceptables para los instrumentos aerófonos, cordófonos y electrófonos. Los instrumentos idiófonos son los que peores resultados ofrecen. En particular, las tasas de error de borrado son superiores al resto, lo que indica que sería aconsejable que se tratasen por separado del resto de las familias de instrumentos.

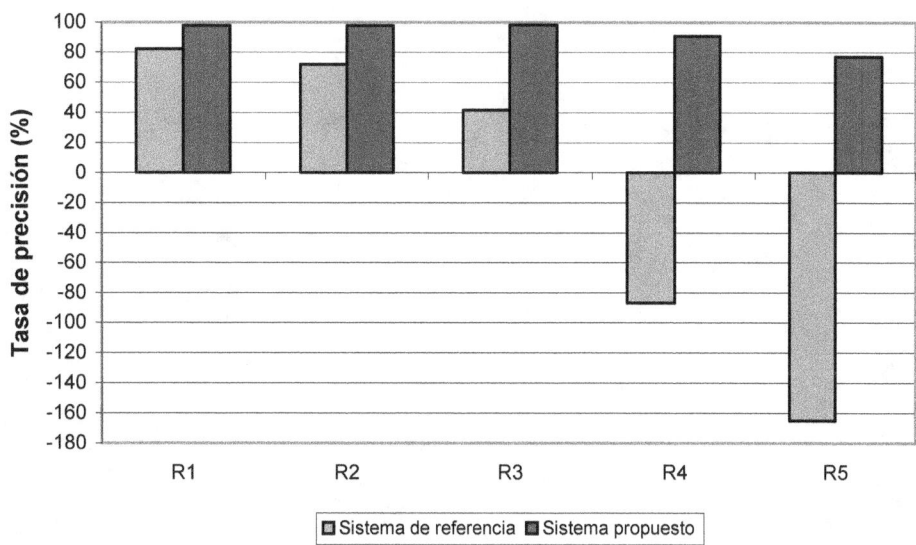

Figura 5.30: Comparativa de las tasas de precisión del sistema propuesto frente al de referencia en función de la configuración en el reconocimiento.

Finalmente, la Figura 5.30 muestra la comparativa entre las tasas de precisión del sistema propuesto frente al sistema de referencia. En ella se observa que, a medida que la configuración de las condiciones de reconocimiento son más exigentes, disminuye la tasa de precisión en los dos sistemas. Sin embargo, dicha disminución es más significativa en el caso del sistema de referencia.

CAPITULO 6

APLICACIONES

6.1 Introducción

En el capítulo anterior se ha seleccionado, a través de los sucesivos experimentos, una parametrización de la señal musical y una topología de los modelos para la detección del ritmo. Posteriormente, a partir de dicha parametrización y topología de los modelos se han investigado cuáles son las más apropiadas aplicadas a la detección de notas musicales. De este modo, se dispone de dos sistemas de reconocimiento diferenciados que pueden ser aplicados, directamente o con ligeras modificaciones, al reconocimiento de diversas características musicales. Ambos sistemas serán validados a través de varias aplicaciones realizadas sobre música real, como son las que se trataron en el primer capítulo, exceptuando, por razones obvias, el reconocimiento de emociones. No se han realizado cambios significativos en los dos sistemas: ni en la parametrización de las muestras musicales, ni en la topología de los modelos, tan sólo algunas aplicaciones han requerido un entrenamiento de los HMM utilizando etiquetados distintos al original para obtener una determinada funcionalidad del sistema, como en el reconocimiento de instrumentos. En otros casos, como en la indexación de archivos por su melodía, también ha sido necesaria una modificación de la gramática para poder cambiar la unidad de reconocimiento del sistema.

Los experimentos que se han realizado, y que se desarrollarán en el presente capítulo son los siguientes:

1. *Detección de la melodía en música polifónica.* El sistema se evalúa sobre música polifónica con 2, 3 y 4 instrumentos tocando de forma simultánea. Los instrumentos que aparecen en las muestras de evaluación son los mismos que se emplearon en el entrenamiento.

2. *Indexación de archivos musicales por la melodía.* Se realizan modificaciones de tipo gramatical al sistema para poder evaluarlo en la detección de secuencias de notas.

3. *Reconocimiento de instrumentos.* Al igual que en caso anterior, se adapta el sistema de reconocimiento de notas para que sea capaz de detectar los instrumentos que intervienen en muestras musicales monofónicas y en polifónicas con 2, 3 y 4 instrumentos.

4. *Reconocimiento del ritmo y del estilo musical.* Se utiliza el sistema de detección del ritmo obtenido de los experimentos de selección de coeficientes (SelCoef) y de selección de la topología (SelTop) del capítulo anterior aplicados sobre 8 estilos musicales.

Para estas pruebas se utilizarán las bases de datos de notas no aleatorias, las dos primeras realizadas a partir de composiciones en MIDI interpretadas y posteriormente grabadas en formato *wav* (NoVMiReM y NoVMiReP), y la base de muestras musicales procedentes de grabaciones de música real digitalizadas en CD (ComCDReP).

6.2   Detección de la melodía en música polifónica

La finalidad de este experimento es determinar la capacidad del sistema para extraer la melodía a partir de música polifónica. De esta forma, como resultado de la utilización del sistema se obtiene una serie ordenada de notas (monofonía) que tratan de establecer lo que un oyente con conocimientos musicales percibiría y transcribiría posteriormente como la melodía de la pieza. El principal problema que presenta este experimento es la correcta evaluación de los resultados, pues para ello se necesitaría contar con una serie de participantes que al menos indicaran el grado de similitud entre lo que el sistema ha detectado y la melodía original polifónica. Por razones de objetividad y de operatividad se ha optado por etiquetar todas las notas en una sola banda, ordenadas por la aparición en la grabación, y calcular los resultados del mismo modo que en los demás experimentos.

Es de esperar que las tasas de precisión disminuyan respecto a las que se han obtenido en reconocimiento con música monofónica: la aparición simultánea de varias notas va a hacer que los modelos tengan más dificultades para identificar cualquiera de ellas. Hay que tener en cuenta que el sistema de reconocimiento sólo considerará un modelo de nota activo en un instante determinado, de modo que cualquier otra nota que aparezca en ese instante interferirá como un ruido en el reconocimiento de dicha nota.

En este experimento se van a evaluar muestras musicales con 2, 3 y 4 instrumentos distintos. Suponiendo que en todo momento los instrumentos asociados a estas bandas están emitiendo notas musicales, y teniendo en cuenta que el sistema va a detectar sólo una nota en cada instante en el reconocimiento, el límite teórico de la tasa de precisión se sitúa en:

- Un 50% en las muestras donde tocan dos instrumentos, es decir, una nota reconocida cada dos emitidas.
- El 33% en las piezas de 3 bandas, pues se reconocería una nota cada tres.
- El 25% en la muestras de 4 instrumentos, pues se podría reconocer una nota de las cuatro que emitan los instrumentos en un instante de tiempo determinado.

Estos límites en el reconocimiento son teóricos, pues en la realidad todas las notas, o todo el intervalo de duración de las notas, no tienen porqué estar solapadas a otras notas, de modo que en estos intervalos se le facilita la tarea de reconocimiento al sistema. Por otra parte, también es posible que varios instrumentos toquen la misma nota en un intervalo de tiempo dado. Por lo tanto, podrían producirse mayores tasas de reconocimiento en virtud del porcentaje de solapamiento entre notas en las muestras y si algunas de estas notas solapadas son iguales.

Puesto que este experimento presenta una serie de particularidades respecto a los anteriores, especialmente en el etiquetado, se va a detallar a continuación.

6.2.1 Etiquetado de las muestras

Tal como se mencionó al principio del experimento, el etiquetado se ha realizado como si se tratase de música monofónica, pero haciendo algunas consideraciones que se manifiestan en la aplicación de varias reglas de etiquetado:

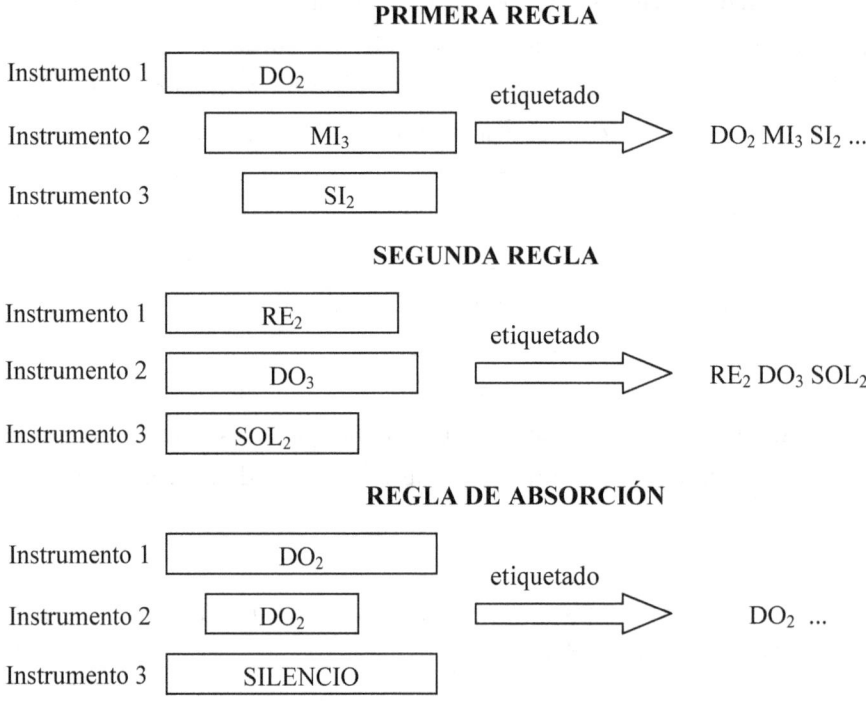

Figura 6.1: Ejemplos de aplicación de las reglas utilizadas para el etiquetado de muestras polifónicas.

- Regla 1: Las notas se ordenan secuencialmente en el fichero de etiquetas según el instante de tiempo en el que se generan según el archivo MIDI. (Una descripción más completa acerca del modo de realizar el etiquetado a partir del archivo MIDI se encuentra en el Apéndice B.)

- Regla 2: Si existen varias notas que comienzan a sonar en el mismo instante de tiempo, éstas se ordenan secuencialmente en función del instrumento, es decir, primero la nota del instrumento 1, seguida de la nota del instrumento 2, etc.

- Regla 3: Finalmente, se aplica una regla que podemos denominar "regla de absorción", que determina que, si durante la ejecución de una nota musical por parte de un instrumento, otro instrumento interpreta la misma nota completa o hay silencio, entonces se considera que en ese instante sólo suena la nota inicial, que es la que aparecerá en el etiquetado.

PARÁMETROS VARIABLES	RESULTADOS				
Número de instrumentos	PC	% notas borradas	% notas sustituidas	% notas insertadas	PA
2	40,35	39,67	19,98	9,99	30,36
3	31,70	47,87	20,43	1,48	30,22
4	28,18	57,50	14,32	1,38	26,80

Tabla 6.1: Tasas de reconocimiento y error del sistema con música real monofónica por instrumento.

En la Figura 6.1 se muestra un ejemplo de aplicación de las tres reglas de etiquetado anteriores.

6.2.2 Resultados experimentales

Las tasas de error y de reconocimiento obtenidas tras aplicar el sistema a la base de datos se presentan en la Tabla 6.1. En ella se puede comprobar que la tasa de reconocimiento disminuye con la cantidad de instrumentos que aparecen simultáneamente en la señal, como era de esperar. Los errores de borrado se incrementan con el número de instrumentos, mientras que los de sustitución e inserción disminuyen. Este hecho se debe a que al aumentar el número de instrumentos, la cantidad de notas que se solapan en el tiempo es mayor, lo que aumenta el número de errores de borrado. Paralelamente, el sistema encuentra cada vez más difícil identificar las notas al estar mezcladas, por lo que la inhibición del mismo aumenta frente a las detecciones erróneas por inserción o sustitución.

Los resultados obtenidos son aceptables teniendo en cuenta las limitaciones del sistema en los siguientes aspectos:

1) La señal no ha sido filtrada ni procesada para separar los distintos armónicos de los que se compone para facilitar la tarea de reconocimiento del sistema.

2) No se ha realizado ningún entrenamiento extra de los modelos, ni se han añadido nuevos modelos que puedan incorporar información sobre notas simultáneas en el tiempo.

3) Al igual que en los experimentos anteriores, no se incorpora a la gramática ningún tipo de información del contexto musical que facilite la determinación de las notas.

Se ha tratado de mejorar la eficiencia del sistema utilizando la capacidad del mismo para proporcionar las N secuencias de notas más probables (en inglés reconocimiento *N-best*). Sin embargo, esta modificación no aporta información nueva sobre el reconocimiento de las notas en polifonía, puesto que en estas condiciones, lo que hace el sistema es proporcionar las secuencias de los modelos que con mayor probabilidad han generado los vectores-muestra observados. Para que el sistema pudiera proporcionar una estimación de las notas que aparecen en cada instante de las muestras, debería ser capaz de evaluar cada cierto intervalo de tiempo los modelos que con mayor probabilidad han generado los vectores-muestra observados hasta ese momento. En otras palabras, se necesita que el reconocimiento de las notas del sistema esté también orientado al reconocimiento en paralelo de las mismas, en vez de en serie.

A pesar de que las tasas de reconocimiento no están muy lejos de las que serían exigibles en cada caso, los resultados son inferiores a los ofrecidos por Kashino y Murase [Kashino 1998], salvando las diferencias por tratarse de dos experimentos realizados sobre muestras diferentes. Cuando no se incorpora la información contextual de la música, el sistema de Kashino y Murase consigue una tasa de reconocimiento de notas correctas PC del 67,8% sobre una base de datos con muestras polifónicas de tres instrumentos: flauta, violín y piano. Aunque la diferencia aproximada con el resultado del presente experimento es del 36%, hay que tener en cuenta que en el sistema de Kashino y Murase se realiza un preprocesado de la señal musical para tratar de separar los armónicos correspondientes a cada nota musical tocada por cada uno de los instrumentos posibles.

6.3   Indexación de archivos musicales por la melodía

La constante producción discográfica, en la que no sólo se añaden nuevas composiciones, sino que además se crean nuevos estilos musicales procedentes de la fusión de los estilos ya existentes, provoca el incremento de los fondos discográficos de compañías productoras, emisoras, discotecas y de particulares. Por otra parte, la digitalización de las señales sonoras ha permitido que el incremento de estos fondos no suponga también un aumento del espacio necesario para almacenarlos. A pesar de ello, este incremento sí produce un efecto negativo para los usuarios de estos fondos discográficos, que es complicar su organización y clasificación. Para que dicha organización sea útil y práctica, debe realizarse de modo flexible y eficaz a la vez:

1. Flexible para que permita la búsqueda a través de distinto tipo de información de los archivos musicales. Esta información puede estar asociada a los archivos como su autor o el título de la composición, o pertenecer al contexto del mismo, como su estilo musical, la melodía, su ritmo, etc.

2. Eficaz de modo que los resultados de la selección se obtengan rápidamente, con un número aceptable de ítems para que el usuario pueda realizar su selección final o emplearlos todos, y por último, que los resultados se ajusten de manera razonable a la petición realizada por el usuario.

Los avances en los sistemas gestores de bases de datos, sobre todo en lo que se refiere a la posibilidad de incluir archivos en los registros, han permitido la organización de los fondos discográficos empleando la información textual asociada a cada archivo. Sin embargo, existe aún un largo camino por recorrer en cuanto a la indexación automática de los archivos por información de tipo contextual. Precisamente, ésta es una de las aplicaciones que se persigue conseguir con el estándar MPEG-7, en lo que respecta a la música [Kosch 2003]. Dicho estándar pretende definir un lenguaje de descripción que permita una representación robusta de la melodía y otras características musicales, de modo que la indexación automática utilizando información relacionada con dichas características y con otros datos asociados a los archivos musicales se pueda realizar con un número razonable de errores. Un sistema de este tipo permitiría por ejemplo, que un usuario solicite al mismo la reproducción de una lista de canciones que cumpla los siguientes requisitos: "canciones relajantes similares a Caribbean Blue de Enya".

Una de las características musicales que pueden ser utilizadas para clasificar y seleccionar archivos es la melodía, que es una sucesión de sonidos diversos unidos entre sí [Seguí 1984], es decir, una serie de notas musicales. Un sistema de indexación de archivos musicales por la melodía permitiría seleccionar todos los archivos de la base de datos que contuviesen la secuencia de notas solicitada en cualquier parte de la composición. La petición podría ser presentada tanto en notación musical, como en otro archivo de sonido en el cual se tararea o se toca la melodía con algún instrumento, puesto que el sistema ya incorpora la tecnología para el reconocimiento individual de notas musicales. Por otra parte, este tipo de sistemas serían muy útiles en la defensa de la propiedad intelectual, pues permitirían determinar rápidamente la existencia de plagios, contrastando archivos musicales en formato muy diverso como CD, MIDI, MP3, archivos para teléfonos móviles, etc. Además dicha funcionalidad es también perseguida por el estándar MPEG-21 [Kosch 2003].

El sistema que podría ser utilizado para realizar la indexación de archivos musicales por la melodía es el sistema de reconocimiento de notas musicales. El inconveniente que presenta este sistema es que, en vez de tratar de identificar individualmente las notas musicales, debería reconocer la secuencia concreta de notas en bloque. Para ello podrían realizarse las siguientes modificaciones de manera alternativa:

a) <u>A nivel de los modelos</u>: Se necesitaría disponer de un modelo adicional, aparte de los existentes para cada nota musical, para reconocer cada melodía concreta que se esté buscando. Sería necesario, en primer lugar, determinar la topología más adecuada para el modelo que detecte la melodía. En una primera aproximación, dicha topología podría ser un encadenamiento de estados que corresponderían al número de notas musicales, por el número de estados de la topología del modelo de nota. En segundo lugar, habría que realizar el entrenamiento del modelo de la melodía, lo que implica entrenar un modelo específico cada vez que el sistema vaya a realizar una búsqueda en la base de datos. Dicha tarea hace poco viable esta opción por la infinidad de combinaciones posibles de melodías, que hacen prácticamente imposible disponer a priori de los modelos de melodía ya entrenados.

b) <u>A nivel gramatical</u>: Pueden agruparse las notas que pertenecen a la melodía en la gramática para que sea evaluada conjuntamente la secuencia de notas. Este tipo de modificación tiene la ventaja de no necesitar de ningún HMM nuevo para la melodía, ni de realizar nuevos entrenamientos de los modelos. En cambio, sí se necesitará disponer de una gramática específica para cada melodía que se pretenda buscar en los archivos musicales.

Una vez analizadas las opciones que se tienen para adaptar el sistema, se ha optado por hacerlo en el ámbito gramatical, opción que es más versátil y práctica, pues explota aún más las posibilidades de este sistema basado en HMM. Puesto que los modelos son los mismos que se han usando con anterioridad en este capítulo, y no deben ser reentrenados, sólo se va a profundizar en el aspecto diferencial del sistema usado en este experimento, que es la gramática.

6.3.1 Gramática

Hasta la presente aplicación del sistema no se han empleado todas las posibilidades que ofrece la gramática, pues ésta se ha utilizado simplemente para indicar que es válida cualquier sucesión de notas y silencios. En el sistema de detección de notas propuesto, cada modelo λ representa una nota W y la gramática se limita a indicar la probabilidad con la cual puede aparecer cada nota $P(W)$. La secuencia de notas reconocida $\hat{W}$ será aquella que cumpla:

$$P(\hat{W}) = \max_{W \in G}\{P(W) \cdot P(O|W)\} \qquad (6.1)$$

donde $P(W)$ la proporciona la gramática, siendo la probabilidad de que se produzca la nota W, mientras que $P(O|W)$ es la probabilidad de producción de la observación O por el modelo λ asociado a la nota W.

Sin embargo, al introducir la melodía en la búsqueda, W puede ser un modelo de nota o la melodía, que será una secuencia de notas $W=\omega_1 \omega_2... \omega_N$. El tener que evaluar la secuencia completa implica la construcción de un macromodelo Λ asociado a dicha melodía, que estará compuesto por los modelos de nota individuales concatenados en el mismo orden $\Lambda=\lambda_1 \lambda_2... \lambda_N$. De esta forma, el macromodelo estará constituido por la secuencia de estados correspondientes a los modelos de las notas en los que se descompone la melodía (Figura 6.2).

El modelo de lenguaje o gramática contiene la información sobre las secuencias de notas permitidas, por lo que habrá que incluir la posibilidad de que en dichas secuencias aparezca la melodía. Para ello se introduce un nuevo nodo que se llama *melodía*, donde se especifica la secuencia de notas correspondiente (Figura 6.3). De este modo, cada nueva búsqueda implica concretar la secuencia de notas que pertenecen a la melodía en la gramática para, posteriormente, localizarlas en los ficheros musicales.

Puesto que en la gramática empleada se permite cualquier secuencia de notas, las que pertenecen a la melodía pueden ser detectadas por el sistema, bien individualmente, o bien como parte de la melodía. Esta capacidad del sistema para reconocer las notas

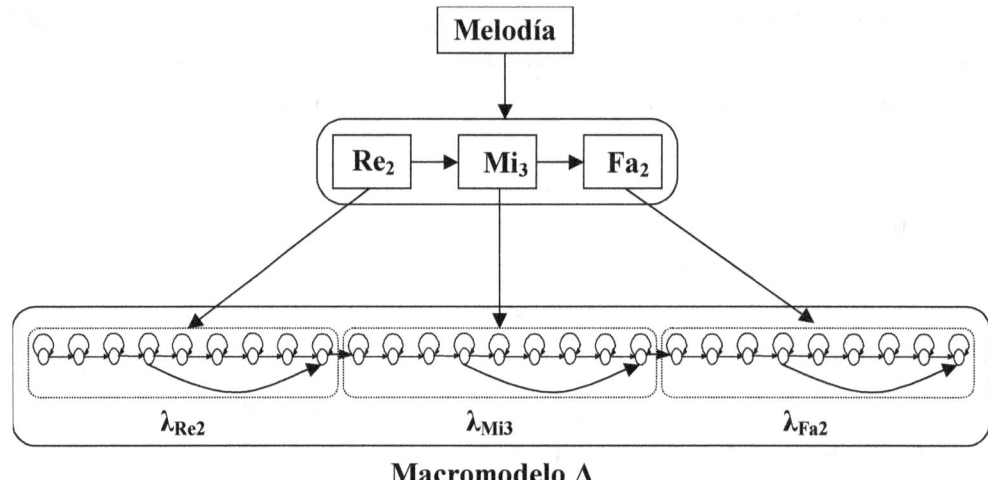

Figura 6.2: Ejemplo de construcción del macromodelo para el reconocimiento de una melodía.

musicales de la melodía de ambas formas representa un inconveniente, porque es más fácil que el sistema detecte las notas de la melodía de modo individual. Este problema es bien conocido en el ámbito del reconocimiento de palabras clave o *Word Spotting*, que es una técnica orientada a detectar la presencia de determinadas palabras en el contexto de otras palabras o pronunciaciones [Rabiner 1989]. Si denominamos O^M al conjunto de observables sobre los cuales se va a calcular la probabilidad $P(O^M | W)$ de que corresponda a la melodía W buscada, que está compuesta por la secuencia de notas $W=\omega_1 \, \omega_2... \, \omega_N$:

$$P(O^M | W) = P(O^M | \omega_1 \omega_2 ... \omega_N)\tag{6.2}$$

Suponiendo que la secuencia de notas de la melodía empieza en el instante 0, la primera nota termina en el instante *t1*, la segunda en *t2*, y así sucesivamente hasta que termina en el instante T, la secuencia de observables O^M puede ser escrita como $O^M = O^{t1}O^{t2}...O^T$. El criterio que sigue el sistema para la decodificación de la secuencia óptima de estados Q^{T*} es maximizar la probabilidad condicionada de generación de los observables

$$Q^{T*} = \arg \max_{Q^T} P(O^T | Q^T, \Lambda)\tag{6.3}$$

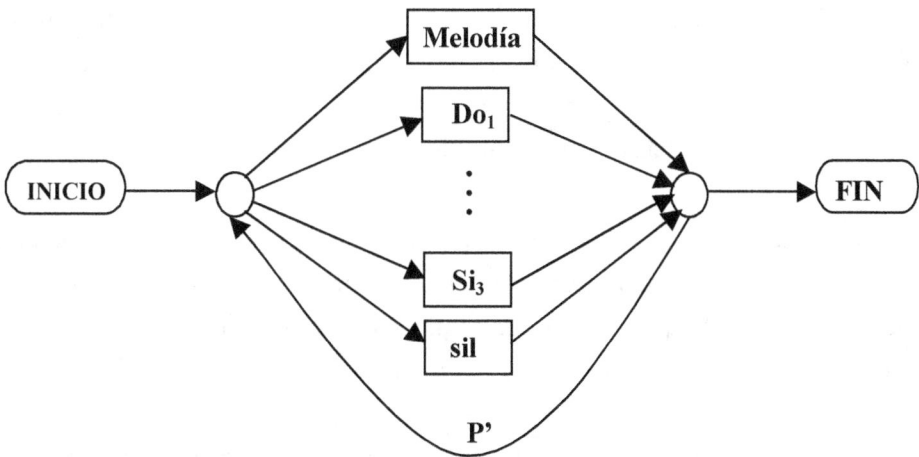

Figura 6.3: Modelo de gramática empleada en la indexación musical. La penalización de inserción de notas musicales P' se encuentra en la transición hacia atrás.

donde Λ es el macromodelo asociado a la melodía W. Sin embargo, es más fácil para el sistema evaluar individualmente la secuencia óptima de estados Q^{ti*} de los modelos de nota λ_i de la melodía

$$Q^{ti*} = \arg \max_{Q^{ti}} P(O^{ti} \mid Q^{ti}, \lambda_i) \tag{6.4}$$

porque de este modo existe una mayor flexibilidad que evaluando la secuencia completa de observables Q^{T*} del macromodelo Λ. El reconocimiento individual de notas permite al sistema más "grados de libertad" en la evaluación de secuencias. Por ello, es necesario introducir a nivel gramatical una penalización P' para compensar la tendencia del sistema a realizar el reconocimiento individual de las notas frente a la melodía. Dicha penalización de inserción se introduce en la transición hacia atrás en la gramática (Figura 6.3).

El último problema que hay que resolver es determinar los valores de penalización P' adecuados, de forma que equilibren las probabilidades de encontrar una nota de la melodía: de forma aislada o insertada en la melodía buscada. En función del valor de penalización que se utilice se pueden obtener dos comportamientos muy distintos del sistema:

- Si el valor de penalización es demasiado bajo, se está en la misma situación de partida: el sistema se decanta por la detección de las notas individuales, en vez de por la melodía, lo que generará muchos falsos negativos (*FN*), es decir, habrá apariciones de melodías que no serán identificadas.

- Si, en cambio, el valor de la penalización es demasiado alto, la detección de melodías será primada excesivamente frente al reconocimiento de notas individuales, con lo que se generarán muchos errores de inserción de la melodía, es decir, la tasa de falsos positivos (*FP*) será alta.

La determinación de la mejor penalización posible puede realizarse mediante análisis ROC^{12}, metodología ampliamente conocida en el ámbito de la Teoría de la Decisión. Para la aplicación actual del sistema, es suficiente con fijar el umbral máximo de falsos positivos aceptable para determinar el valor de *P'*. En una aplicación real del sistema, hay que tener en cuenta que la detección de un número alto de falsos positivos *FP* sería interpretada por los usuarios como que el sistema no está funcionando de manera razonable o correcta. Por tanto, es preferible una tasa baja de falsos positivos *FP*, a pesar de que ello suponga disminuir el número de detecciones correctas de la melodía (verdaderos positivos o *TP*).

Finalmente, una vez fijado el umbral aceptable de falsos positivos para el sistema, es necesario determinar el valor de *P'* para cada tamaño de la melodía. En la misma línea de la argumentación sobre la necesidad de introducir las penalizaciones a la inserción de notas individuales, es evidente, que el factor de penalización *P'* debe ser distinto en función del tamaño de la melodía. Por tanto:

$$P' = f(N) \qquad\qquad (6.5)$$

donde *N* es el número de notas que componen la melodía. Una vez determinados los factores de penalización para cada tamaño de la melodía buscada, será posible posteriormente determinar mediante mínimos cuadrados la función que mejor se ajuste a dichos puntos. De este modo, se podrá estimar a priori un valor *P'* para cada tamaño de la

---

12 El análisis ROC (*Receiver Operating Characteristic*) es una metodología desarrollada en el seno de la Teoría de la Decisión en los años 50 y cuya primera aplicación fue motivada por problemas prácticos en la detección de señales por radar [Flash 2003]. Se ha utilizado es muchas áreas: decisiones médicas, diagnosis de enfermedades, estimaciones de probabilidad de fallos en máquinas, etc.

Tamaño cadena (número de notas)	Penalización -Ln(P)	Falsos Positivos FP	Falsos Negativos FN	Detectados TP
5	10	0,00	17,97	82,03
	20	0,00	16,95	83,05
	40	0,34	7,80	92,20
	80	1,36	5,76	94,24
	100	1,69	5,76	94,24
	120	2,32	5,76	94,24
	160	2,71	5,76	94,24
7	10	0,00	14,18	85,82
	20	1,45	11,27	88,73
	40	1,45	5,09	94,91
	80	1,45	4,37	95,63
	100	1,45	4,37	95,63
	120	2,91	3,27	96,73
9	10	0,00	17,77	82,23
	20	1,11	11,48	88,52
	40	1,11	7,41	92,59
	80	1,66	4,85	95,15
	100	1,66	3,48	96,52
	120	2,22	2,85	97,15
11	40	0,00	11,37	88,63
	80	0,78	7,06	92,94
	120	0,78	5,49	94,51
	140	0,78	4,71	95,29
	160	0,78	3,18	96,82
	180	0,78	3,18	96,82
	200	2,75	2,39	97,61
	240	5,10	1,39	98,61
13	160	0,00	7,83	92,17
	180	0,30	3,15	96,85
	200	1,11	3,15	96,85
	240	1,30	3,15	96,85
	300	2,04	2,61	97,39
	400	3,25	2,22	97,78
	450	4,63	1,17	98,83
15	150	0,00	8,63	91,37
	200	0,00	7,32	92,68
	350	1,17	4,66	95,34
	500	1,36	2,31	97,69
	600	2,33	1,44	98,56
	750	3,35	1,44	98,56
	800	3,88	1,16	98,84
	900	5,49	1,16	98,84
	1000	7,45	0,78	99,22

Tabla 6.2: Porcentajes de aciertos y errores para melodías de tamaño variable y distintos valores de penalización de inserción de palabras.

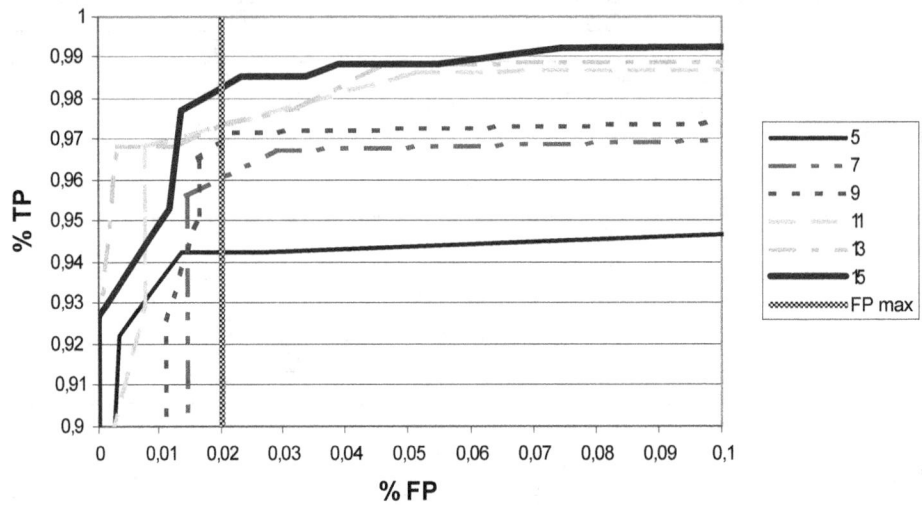

Figura 6.4: Curvas ROC del sistema de indexación según el tamaño, en número de notas, de la melodía. La línea FP max representa el valor máximo de falsos positivos admisible para el sistema.

Tamaño cadena (número de notas)	Penalización -Ln(P')
5	100
7	100
9	100
11	180
13	240
15	500

Tabla 6.3: Valores de la penalización determinados en función del tamaño de la melodía.

melodía buscada. Por ser éste un valor de penalización con carácter estadístico se prevé que la función va a ser decreciente con el número de notas que conformen la melodía.

6.3.2 Resultados experimentales

Como se indicó en el apartado anterior, es necesario fijar para cada tamaño de la melodía un valor de penalización a la inserción de palabras para equilibrar la detección de las notas aisladas frente a las pertenecientes a la melodía. Para ello se ha determinado el valor de la probabilidad de inserción de palabras para que las falsas alarmas sean inferiores al 2%. A este fin se han escogido 50 secuencias de notas al azar para cada tamaño: 5, 7, 9, 11, 13 y

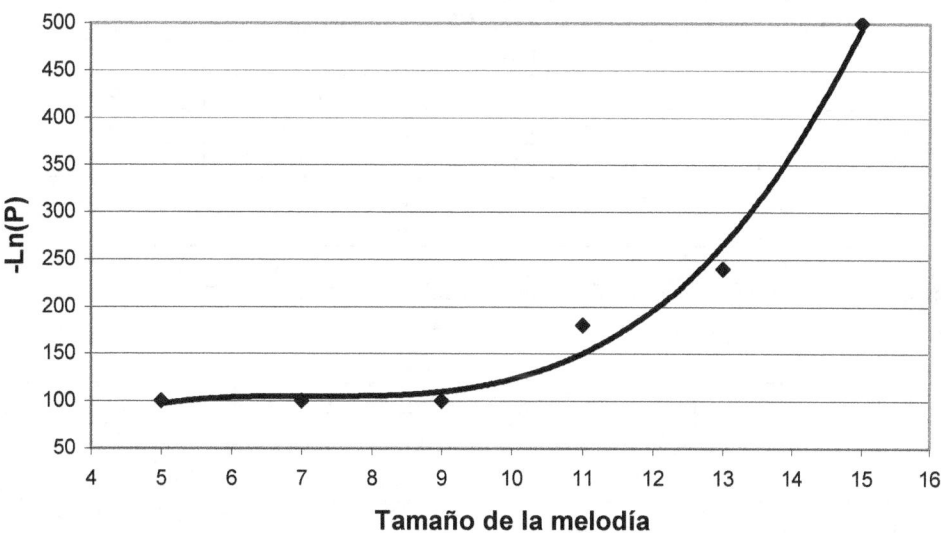

Figura 6.5: Ajuste del valor de penalización P' en función del tamaño de la melodía.

15. Estas secuencias pertenecen al etiquetado de la base de datos de música real monofónica NoVMiReM, y se han evaluado con diferentes valores de penalización (Tabla 6.2). Se puede observar que en todos los casos, al incrementarse el valor de la penalización, $-Ln(P)$, mejora

el porcentaje de melodías encontradas, a la vez que aumenta la tasa de falsos positivos. La Figura 6.4 muestra las curvas ROC para cada tamaño de la melodía y el límite máximo impuesto a los falsos positivos para poder determinar el valor de la penalización.

Los valores que se han obtenido para la penalización, una vez fijado el 2% como máximo de los falsos positivos, son crecientes (no estrictamente) con el tamaño de la melodía (Tabla 6.3). Para obtener una función $f(N)$, que permita al sistema estimar el valor de la penalización a aplicar en función del número de notas de la melodía, se ha realizado un ajuste por mínimos cuadrados de los puntos de la Tabla 6.3, con el tamaño de la melodía como variable independiente.

La función más simple y que mejor se ajusta a dichos puntos es el polinomio de tercer grado:

$$-L(P') = 0{,}81N^3 - 17{,}43N^2 + 124{,}9N - 193{,}05$$

(6. 6)

Tamaño cadena (número de notas)	% Falsos positivos (FP)	% Falsos negativos (FN)	% Correctos (TP)
5	1,10	4,72	95,24
7	1,12	4,67	95,33
9	1,36	3,66	96,34
11	1,90	3,15	96,85
13	1,90	2,48	97,52
15	1,37	1,57	98,43

Tabla 6.4: Resultados de validación del sistema de indexación de melodías para varios tamaños de las mismas.

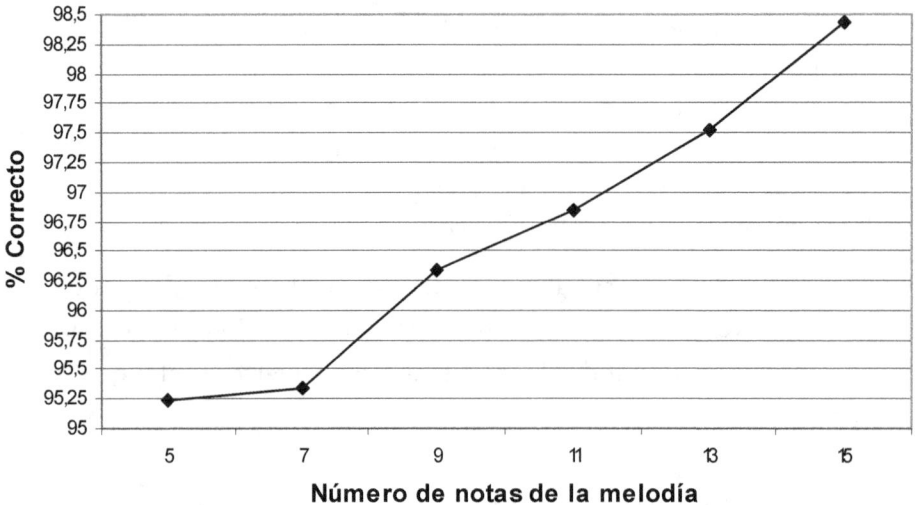

Figura 6.6: Evolución del porcentaje de aciertos en función del tamaño de la melodía.

que es estrictamente creciente. Los puntos se ajustan bastante bien a esta función a tenor del coeficiente de correlación obtenido: 0,993 (Figura 6.5).

Finalmente, para comprobar la capacidad del sistema en indexación musical, se escogen al azar 100 secuencias aleatorias de melodía compuestas por la misma cantidad de notas que en las pruebas preliminares. Todas estas secuencias se encuentran en el etiquetado de las muestras de la base de datos. A cada tamaño de la melodía se le aplica el valor de penalización de inserción de palabras idóneo, calculado a partir de la función de penalización estimada (Expresión 6.6). Los resultados pueden considerarse que son buenos (Tabla 6.4), teniendo en cuenta que el reconocimiento de una secuencia de notas, en vez de una sola, es más fácil para el sistema. El porcentaje de reconocimientos correctos es superior en todos los casos al obtenido con el sistema de reconocimiento de notas individuales para la misma base de datos (que era del 90,47%), y crece cón la longitud en notas de la melodía. La Figura 6.6 representa la evolución del porcentaje de aciertos frente a la longitud de la melodía. En ella se observa efectivamente cómo va creciendo el porcentaje de aciertos a medida que el tamaño de la melodía es mayor. La banda de aciertos que proporciona el sistema para los distintos tamaños de la melodía es del 95,2% a 98,4%. Salvando las diferencias sobre la base de datos utilizada, el sistema propuesto por Durey y Clements [Durey 2002] ofrecía en el mejor de los casos, empleando coeficientes MFCC en la parametrización, una banda de aciertos que oscila en torno al 90-95%. Con estos datos puede afirmarse que el sistema desarrollado mejora la eficacia del de Durey, pues la banda del porcentaje de aciertos es superior en cualquier caso.

6.4   Reconocimiento de instrumentos

De igual modo que en reconocimiento automático del habla, en el que en ciertas aplicaciones se trata de identificar al locutor, en señales de tipo musical es también interesante detectar los instrumentos que intervienen en una determinada pieza musical. Se puede realizar esta tarea introduciendo pequeñas modificaciones al sistema propuesto. Estas modificaciones consisten en entrenar un modelo de nota por cada instrumento, en vez de un único modelo por nota. Así, se ven afectados el etiquetado, el entrenamiento, el número de modelos y lo que éstos representan.   Los   siguientes   apartados   se centrarán en estas características diferenciales del experimento actual frente a los que tratan de detectar notas musicales con independencia del instrumento que las interprete.

6.4.1   Etiquetado de las muestras

La identificación de instrumentos implica que en el etiquetado, además de señalar la nota musical, también se ha de identificar el instrumento que ha tocado la nota. Esto no supone ningún inconveniente, puesto que en las bases de datos monofónicas que se utilizan, NoFMiAlM, NoVMiAlM y NoVMiReM, cada muestra está interpretada por un único instrumento, por lo que sólo hay que especificar dicho instrumento en el fichero de etiquetas correspondiente. Respecto a la base de datos polifónica NoVMiReP, puesto que cada muestra musical MIDI está compuesta de un número de canales igual al del número

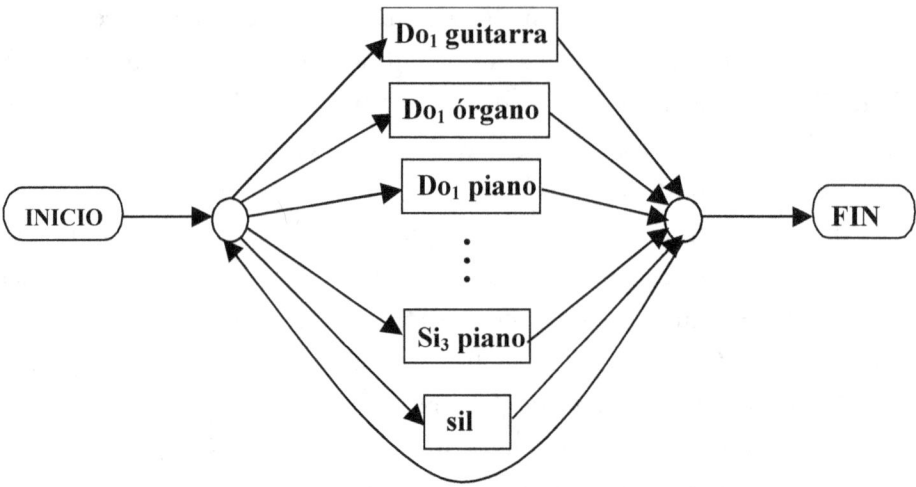

Figura 6.7: Modelo de gramática empleada en el reconocimiento de instrumentos. Los nodos definen una nota musical y el instrumento que la interpreta.

de instrumentos que aparecen en la composición, quedan perfectamente identificadas las notas emitidas por cada instrumento. Del mismo modo que en las bases de datos anteriores, sólo se necesita agregar los instrumentos que ejecutan las notas en el fichero de etiquetas.

Mediante el nuevo etiquetado de las muestras, el sistema va a tratar de detectar el instrumento y la nota que suena en cada instante, con lo que en el fichero de resultados de reconocimiento aparecerá una lista de notas con su instrumento, que puede ser analizado para determinar los instrumentos que intervienen en el fichero musical.

6.4.2 Gramática

La gramática sigue siendo esencialmente idéntica a la que se ha estado utilizando en el reconocimiento de notas musicales, excepto que en vez de constar de 22 símbolos (21 notas musicales y el silencio), tiene 106, que corresponden a 21 notas musicales tocadas por 5 instrumentos distintos y el silencio. La Figura 6.7 muestra un diagrama de la gramática empleada, donde se aprecia que, a excepción de los nodos inicial, final y los dos de confluencia, cada nodo corresponde a una nota musical conjuntamente con el instrumento que la toca.

6.4.3 Entrenamiento

La detección del instrumento que toca una nota supone una variación del significado de los modelos, que en vez de representar notas musicales, pasan a representar la nota musical y el instrumento. Por ello, en este experimento, a diferencia de los anteriores, es necesario entrenar específicamente los modelos, lo que se realiza de forma análoga a la utilizada en el experimento SelTopFin (Apartado B.6 del Capítulo 5). La inicialización de los modelos se realiza sobre la base de datos NoFMiAlM, de notas de duración fija. Posteriormente, se continúa el entrenamiento de forma asilada con la base NoVMiAlM, hasta que se alcanza la convergencia. Estas dos bases de datos sobre las que se han entrenado los modelos están compuestas por archivos musicales interpretados por 5 instrumentos (Apartados 4.3.2 y 4.3.3): piano, órgano, vibráfono, clarinete y guitarra. Aunque se han realizado otros experimentos con más instrumentos (violín, guitarra eléctrica, xilófono, flauta y trompeta); las bases de datos empleadas en el entrenamiento de los modelos (NoVMiAlM y NoFMiAlM) no disponen de muestras musicales de estos instrumentos, lo que hace imposible el entrenamiento de los HMM correspondientes a dichos instrumentos. En consecuencia, los resultados experimentales se circunscriben a los 5 instrumentos presentes en las bases de datos de entrenamiento.

6.4.4 Resultados experimentales

El reconocimiento se realiza sobre las bases NoVMiReM y NoVMiReP, es decir, se aplica el sistema para identificar los instrumentos tanto en piezas monofónicas como en polifónicas.

La evaluación del sistema se ha realizado siguiendo los siguientes criterios:

a) El sistema no realiza ninguna suposición a priori sobre el número o qué instrumentos pueden aparecer en cada archivo musical. Es decir, al realizar el reconocimiento se admite que en todos los archivos de las bases de datos pueden aparecer uno o varios de los 5 instrumentos con los que se han entrenado las muestras.

b) Se considera que un instrumento aparece en la grabación si se han detectado al menos un 10% de notas del mismo en el proceso de reconocimiento. Parece razonable pensar que la detección de algunas notas aisladas en una composición polifónica no implica la presencia de un instrumento. Teniendo en cuenta que un

Número de instrumentos de las muestras	% instrumentos reconocidos	% instrumentos no detectados	% instrumentos insertados
1	100	0	18,0
2	70,0	30,0	15,0
3	50,0	50,0	12,5
4	53,1	46,9	3,1
Resultados medios	**73,81**	**26,19**	**12,70**

Tabla 6.5: Tasas de reconocimiento y error en la detección de instrumentos del sistema para grabaciones con distinto número de ellos.

porcentaje pequeño de notas no representaría en conjunto un tiempo significativo de la pieza musical, es más probable que sean debidas a confusiones puntuales del reconocimiento del sistema.

c) Respecto a los resultados, se asume que un reconocimiento es positivo si el sistema determina correctamente que un instrumento aparece en un fichero de la base de datos. Si, en cambio, el sistema indica la presencia de un instrumento en un fichero en el que realmente no aparece, se considera que es un error de inserción. Finalmente, si no detecta un instrumento en un archivo musical en el que realmente sí interviene, se valora como un error de detección.

Según los puntos anteriores, los resultados se obtienen una vez que el sistema realiza el reconocimiento de las notas musicales y se analiza el porcentaje de ellas que pertenecen a cada instrumento en cada archivo.

La Tabla 6.5 muestra los porcentajes de acierto y error en la identificación de instrumentos ordenados por el número de instrumentos simultáneos que aparecen en los ficheros de las bases de datos. El porcentaje de instrumentos reconocidos es aceptable, así como su evolución frente al número de instrumentos, pues es previsible que en melodías polifónicas el sistema encuentre mayores dificultades para detectar instrumentos habida cuenta que no se realiza ningún procedimiento para aislar las componentes armónicas de la señal. La cantidad de instrumentos detectados erróneamente disminuye con la cantidad de instrumentos que intervienen en los archivos, pasando del 18% en archivos monofónicos, a tan sólo el 3% en polifónicos de 4 instrumentos.

En la Tabla 6.6 se presenta una comparación de las tasas de reconocimiento de instrumentos entre los procedimientos que se expusieron en el primer capítulo. Salvando las diferencias, sobre todo en cuanto a las bases de datos empleadas por cada uno y el

Autor y referencia	Instrumentos distintos	Instrumentos simultáneos en las muestras	Origen de las muestras	PC
[Martin 1998]	14	1	Música real	72%
[Fujinaga 2000]	23	1	Música real	68%
[Kaminskyj 2000]	19	1	Música real	82%
[Eronen 2000]	34	1	Música real	80%
[Essid 2004]	10	1	Música real	79%
Sistema HMM	5	1	Archivos MIDI	100%

Tabla 6.6: Comparativa de reconocimiento de instrumentos y el sistema basado en HMM. Los datos de reconocimientos de los sistemas de las referencias son los que dan sus autores.

modo de reconocimiento, los datos proporcionados por los autores permiten una comparativa de tipo cualitativo, más que cuantitativa. En la tabla se incluye solamente el tanto por ciento de reconocimientos correctos, puesto que la mayoría de ellos no ofrece información sobre errores de inserción.

Aunque el sistema desarrollado no se pensó inicialmente para el reconocimiento de instrumentos musicales, los resultados son aceptables en el sentido de que, para un archivo con número indeterminado de instrumentos, el sistema es capaz de detectar 3 de cada 4 instrumentos que aparezcan en el mismo, y sólo reconocerá un instrumento que no exista con una probabilidad del 12%.

Finalmente, es necesario destacar que estos resultados se han conseguido a pesar de que la parametrización utilizada no enfatiza las características diferenciales entre los instrumentos, sino que se centra en destacar las características de las notas musicales con independencia del instrumento que las emita.

6.5   Identificación del ritmo y del estilo musical

En el Capítulo 2 se explicó que el compás era el elemento servidor o contenedor del ritmo. La mayoría de las danzas clásicas tienen una formulación rítmica basada en la sucesión de un mismo compás simple. Así, por ejemplo, un vals está compuesto por una sucesión de compases 3/4 y un tango de compases 2/4 y, aunque dos estilos musicales compartan el mismo compás, sus fórmulas rítmicas o secuencias de notas características de sus compases son distintas. Esta propiedad puede ser aprovechada para la clasificación por estilos musicales.

Estilo	Vals	Mambo	Rumba	Tango	Bolero	Chachacha	Samba	Sardana
Compás	3/4	4/4	4/4	2/4	3/4	4/4	4/4	2/4

Tabla 6.7: Estilos musicales empleados y sus correspondientes compases.

En el presente experimento se va evaluar el comportamiento del sistema de reconocimiento del ritmo desarrollado en el Capítulo 5, cuando se incrementa el número de estilos musicales. Se clasificarán muestras pertenecientes a 8 estilos musicales con 3 ritmos diferentes.

6.5.1 Extracción de parámetros

La parametrización se encuentra descrita en el Apartado A.4 del capítulo anterior.

6.5.2 Etiquetado de las muestras

Para poder utilizar los HMM en la detección continua de compases se extraen de las muestras un número exacto de compases antes de proceder a la parametrización. Para realizar esta extracción es necesario señalar el principio y el fin de la serie de compases e indicar el número exacto de compases de cada muestra para poder realizar el entrenamiento empotrado de los modelos de compás. Esta cantidad de compases es la misma que el número de etiquetas que marcan compases o fórmulas rítmicas en el fichero de etiquetas correspondiente a cada muestra. Se han de realizar dos etiquetados distintos según se pretenda identificar el ritmo o el estilo musical:

- Para la detección del ritmo, sólo existen tres compases distintos, que son 2/4, 3/4 y 4/4, por lo que son éstas las etiquetas que se emplean en los ficheros. La Tabla 6.7 muestra la correspondencia entre los estilos musicales y su compás básico.

- En la detección de estilos musicales, cada tipo de música tiene su fórmula rítmica correspondiente, que se identifica en el etiquetado con un compás diferente al de los demás. Así, por ejemplo, el compás del tango se etiqueta como 2/4T, frente al de la sardana, que se etiqueta 2/4S. Ambos comparten el mismo tipo de compás 2/4, pero diferente fórmula rítmica.

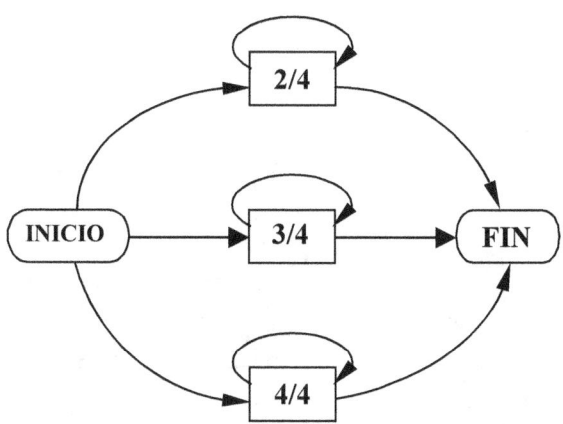

Figura 6.8: Modelo de gramática del sistema de reconocimiento del ritmo.

6.5.3 Gramática

La gramática utilizada está adaptada a los tipos de compás y a los estilos musicales de la base de datos, que consisten en una sucesión indeterminada de compases iguales para cada muestra. Se emplean dos modelos de gramática distintos en función de si se realiza detección de compases o de fórmulas rítmicas. En la detección de compases sólo existen tres nodos, aparte de los de inicio y fin, representando un tipo de compás cada uno (Figura. 6.8). En la correspondiente a la clasificación de estilos musicales existen 8 nodos correspondientes cada uno de ellos a un tipo de música diferente. La Figura 6.9 muestra un diagrama de la gramática utilizada para la detección de fórmulas rítmicas.

6.5.4 Topología de los HMM

La topología es la misma que la utilizada en el Apartado A.5 del capítulo anterior. Los modelos son de Bakis, tienen 11 estados y disponen únicamente de transiciones al estado siguiente o de autobucle.

6.5.5 Entrenamiento

No es necesario realizar más entrenamientos de los modelos de compases para la detección del ritmo, puesto que las nuevas muestras musicales no incorporan ningún tipo de compás distinto a los que se utilizaron en el experimento de validación del capítulo anterior: 2/4, 3/4 y 4/4.

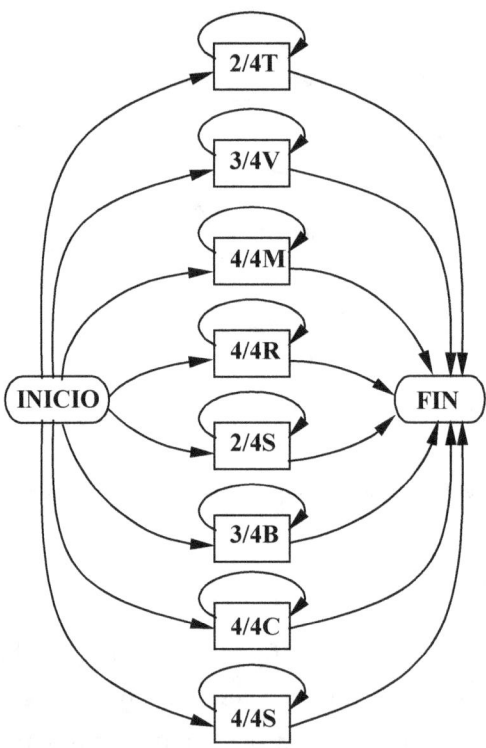

Figura 6.9: Gramática del sistema de reconocimiento de estilos musicales. La letra de cada compás corresponde a la inicial del nombre del estilo musical al que pertenece.

En el caso de la detección de estilos musicales, sólo se necesita entrenar los modelos de compás característicos, o fórmulas rítmicas, que pertenecen a los estilos musicales añadidos, que son el bolero, la samba, el chachachá, y la sardana. El entrenamiento de los compases 2/4S, 3/4B, 4/4C y 4/4S correspondientes a los nuevos estilos se realiza del mismo modo que los otros modelos (Apartado A.3.5 del Capítulo 5).

6.5.6   Resultados experimentales

La Tabla 6.8 muestra los resultados obtenidos en la identificación del ritmo en las muestras musicales de la base de datos ComCDReP al completo. En ella se observa que la mayor parte de las confusiones, el 16,7%, se deben a que muestras con compás 2/4 se reconocen como si tuviesen un ritmo 3/4; y el 9,2% a compases 4/4 que se reconocen también como 3/4. Este hecho puede ser debido al ritmo dinámico de la pieza musical, que, por los cambios de intensidad en las notas, produzca un enmascaramiento del ritmo que indica el compás, que está determinado exclusivamente por la relación de las duraciones de notas

E/R	2/4	3/4	4/4
2/4	83,3%	16,7%	0%
3/4	3,3%	93,3%	3,3%
4/4	1,7%	9,2%	89,2%
Media de reconocimientos correctos			**88,6%**

Tabla 6.8: Matriz de confusiones de compases en el reconocimiento del ritmo musical.

E/R	Vals	Mambo	Rumba	Tango	Bolero	Chachacha	Samba	Sardana
Vals	96,7	0	0	3,3	0	0	0	0
Mambo	0	56,7	3,3	0	23,3	16,7	0	0
Rumba	0	0	80,0	0	0	3,3	16,7	0
Tango	0	10,0	0	83,3	0	3,3	3,3	0
Bolero	0	3,3	0	6,7	80,0	0	10,0	0
Chachacha	0	23,3	10,0	0	3,3	43,3	20,0	0
Samba	0	3,3	23,3	6,7	3,3	0	63,3	0
Sardana	0	0	0	0	0	0	0	100
Media de reconocimientos correctos							**75,4%**	

Tabla 6.9: Matriz de confusiones en el reconocimiento de estilos musicales.

consecutivas (véase el Apartado 2.4). En general, existe una disminución de la media de asignaciones correctas del ritmo de casi un 10% respecto a las obtenidas con la partición de 4 estilos musicales de la base de datos.

Respecto a la clasificación de los ocho estilos musicales contenidos en la base ComCDReP, los resultados se encuentran expuestos en la Tabla 6.9, donde las filas representan la clasificación de las muestras ofrecidas al sistema para realizar el reconocimiento y las columnas los resultados del reconocimiento por estilo. Excepto en los mambos, el chachachá y las sambas, para el resto de los tipos de música, el nivel de reconocimiento es superior al 80%. También se observa que el mayor número de confusiones se produce entre los estilos que comparten un mismo ritmo, que es el compás 4/4, y son la rumba, el mambo, el chachachá y la samba. Por otro lado, cabe destacar el porcentaje de aciertos del sistema con las sardanas (100%) y los valses (96,7%), que son los estilos musicales más diferenciados del resto. Este hecho da una idea del potencial del sistema en la clasificación de estilos musicales más genéricos y diferenciados como por ejemplo el rock, jazz, clásica, etc. La tasa media de reconocimientos correctos disminuye en un 19% respecto al resultado con sólo cuatro estilos musicales (Apartado 5.5). Esta acusada disminución, superior a la que se produce en la detección del ritmo, se debe no

Autor y referencia	Número de estilos	Estilos	Origen de las muestras	PC
[Dannenberg 1997]	4	Lírico, sincopado, frenético y puntualizado	Archivos MIDI monofónicos	99,4%
[Vidal 1997]	3	Gregoriano, Bach y Joplin	Archivos MIDI monofónicos	86,7%
[Lambrou 1998]	3	Rock, Jazz y Piano	No se indica	91,7%
[Soltau 1998]	4	Rock, Pop, Tecno y Clásica	Música real polifónica	86,1%
Sistema HMM [Salcedo 2003]	4	Vals, Mambo, Tango y Rumba	Música real polifónica	94,2%
[Dixon 2004]	8	Vals, Vals Vienés, Tango, Rumba, Chachachá, Samba, Swing y Quickstep	Música real polifónica	96%
[McKay 2004]	9	Barroco, Moderno, Romántico, Bebop, Funky, Swing, Country, Punk y Rap	Archivos MIDI	90%
Sistema HMM	8	Vals, Mambo, Tango, Rumba, Chachachá, Bolero, Samba y Sardana	Música real polifónica	75,4%

Tabla 6.10: Porcentajes de clasificación comparativos entre los procedimientos descritos en la literatura y el sistema basado en HMM con detección del compás.

sólo a la esperada reducción del rendimiento del sistema al añadir más estilos musicales, sino, como se ha apuntado anteriormente, a la introducción de nuevos estilos musicales con fórmulas rítmicas parecidas a las cuatro iniciales.

Finalmente, se compara la capacidad del sistema respecto a algunos de los procedimientos publicados hasta el momento, que se expusieron en el Apartado 1.6. De nuevo, hay que salvar las distancias respecto a las bases de datos usadas y condiciones de los experimentos y, por ello, la comparativa se realiza de modo cualitativo. La Tabla 6.10 recoge un resumen comparativo de resultados de los distintos procedimientos. En ella se observa que el porcentaje de clasificación del sistema propuesto es superior frente a los demás, exceptuando el de Dannenberg, que ofrece un 99,4% de efectividad para cuatro estilos [Dannenberg 1997], pero que, sin embargo, tiene la limitación de que está realizado sobre muestras procedentes de grabaciones MIDI monofónicas, frente a música real en el caso que nos ocupa.

También se observa que el sistema basado en HMM ofrece peores resultados que el sistema de Dixon [Dixon 2004], que se ha aplicado también a 8 estilos musicales con muestras procedentes de grabaciones reales. Una de las razones de la mayor eficiencia de este último sistema puede estar en la gran cantidad de características musicales que se extraen de la señal (79), entre las que se incluye información del ritmo, en comparación con el sistema desarrollado (6), en el que únicamente se trata de determinar el estilo musical a través de la detección del ritmo. El sistema propuesto por Dixon es capaz de clasificar correctamente el 50% de las muestras empleando sólo la información relacionada con el ritmo. No obstante, los resultados obtenidos por el sistema propuesto son más que aceptables teniendo en cuenta que las personas con poco o moderado entrenamiento musical son capaces de clasificar adecuadamente en el 72% de los casos el estilo musical de las canciones de acuerdo a la clasificación realizada por las compañías discográficas [Perrott 1999].

6.6 Resumen

En el presente capítulo se ha mostrado cómo, a partir del sistema de reconocimiento de notas musicales desarrollado en el Capítulo 5, se han obtenido tres aplicaciones más con ligeros cambios del mismo:

1. *Detección de la melodía en música polifónica.* Se ha precisado realizar algunas modificaciones en el etiquetado para disponer de una secuencia única de notas de las melodías polifónicas. Utilizando los HMM de las notas, sin realizar ningún entrenamiento adicional, el sistema se ha evaluado sobre música polifónica con 2, 3 y 4 instrumentos tocando de forma simultánea.

2. *Indexación de archivos musicales por la melodía.* Se realizan modificaciones de tipo gramatical al sistema para que pueda realizar la detección de secuencias de notas. Del mismo modo que en la anterior aplicación, se han utilizado los modelos de nota, sin ningún cambio, para evaluar la eficiencia del sistema en la búsqueda de melodías de diferentes tamaños: de 5 a 15 notas.

3. *Reconocimiento de instrumentos.* La adaptación del sistema de reconocimiento de notas es mayor en este caso. Consiste en modificar el etiquetado, la gramática y lo que representan los modelos, que son las notas y el instrumento que las emite, en vez de sólo la nota. Para ello sí es necesario entrenar unos HMM nuevos, con la misma topología que los modelos de nota. El sistema se ha evaluado detectando los instrumentos que intervienen en muestras musicales monofónicas y en polifónicas con 2, 3 y 4 instrumentos.

En todos los casos se han obtenido resultados aceptables, especialmente en la indexación por melodías, teniendo en cuenta que el objetivo inicial del sistema era la detección de notas musicales.

Finalmente, se ha utilizado el sistema de reconocimiento del ritmo y del estilo musical, desarrollado en el capítulo anterior, para evaluarlo sobre ficheros de 8 estilos musicales con tres ritmos distintos. Los únicos cambios necesarios han sido realizados en la parte del reconocimiento de estilos: añadir los nuevos estilos a la gramática y entrenar los modelos correspondientes a dichos estilos. Los resultados indican que el sistema es capaz de determinar correctamente el estilo musical en el 75% de los casos y su ritmo con un 89%.

CAPITULO 7

CONCLUSIONES Y TRABAJO FUTURO

7.1 Conclusiones

- La aplicación de los modelos ocultos de Markov en el ámbito de las señales musicales ha permitido el desarrollo de dos sistemas de reconocimiento básicos: el primero, orientado a la detección del ritmo, y el segundo, para el reconocimiento de notas musicales.

- Se ha propuesto una parametrización de la señal de música, que ha sido refinada en sucesivas fases, como consecuencia de la optimización de la tasa de precisión del sistema de reconocimiento de notas, en configuración de independencia del instrumento. La bondad de la parametrización se ha contrastado aplicándola a música procedente de archivos MIDI y en diversas configuraciones de reconocimiento, sin realizar un reentrenamiento de los modelos del sistema. Esta parametrización se ha utilizado posteriormente en adaptaciones del sistema para realizar otras tareas como la detección de instrumentos.

- Se ha desarrollado un sistema basado en HMM continuos para reconocer el ritmo de composiciones musicales de compás único. El sistema es capaz de reconocer tres de los compases más utilizados en música: 2/4, 3/4 y 4/4; y ha sido evaluado sobre archivos de música real procedente de CD, con resultados siempre superiores a los obtenidos con el sistema de referencia.

- Se ha desarrollado un sistema basado en HMM continuos para detectar notas musicales de distinta figura, desde semicorcheas a redondas, pertenecientes a tres escalas que, incluyendo el silencio, hacen un total de 22 símbolos. El reconocimiento de las notas es independiente del instrumento que las interpreta. El sistema ha sido evaluado sobre archivos de música MIDI monofónicos en diferentes configuraciones de reconocimiento, obteniéndose mejores resultados que los ofrecidos por el sistema de referencia.

- Realizando algunos cambios en el sistema de detección de notas musicales se ha evaluado en otras aplicaciones:

    1. Se ha evaluado el sistema en la extracción de la melodía en música polifónica. Se ha precisado realizar algunas modificaciones en el etiquetado para disponer de una secuencia única de notas de las melodías polifónicas. Los archivos polifónicos empleados en la evaluación están realizados utilizando 2, 3 y 4 instrumentos. Se han obtenido resultados cercanos en algunos casos a su límite teórico, teniendo en cuenta que el sistema está preparado solamente para detectar series de notas en melodías monofónicas.

    2. Se ha estimado la capacidad del sistema en tareas de indexación por melodía de archivos musicales monofónicos. Las modificaciones realizadas al sistema son de tipo gramatical, para permitir que pueda realizar la detección de secuencias de notas completas. Las pruebas se han realizado sin realizar nuevos entrenamientos de los HMM. El porcentaje de aciertos es superior al de otros procedimientos similares existentes.

    3. El sistema se ha aplicado a la detección de instrumentos en música monofónica y polifónica. Para esta labor ha sido necesario adaptarlo a nivel de etiquetado y gramatical, de modo que se asocia un modelo por cada nota e instrumento que emite dicha nota. Una vez entrenados los nuevos

modelos, el sistema se ha evaluado ofreciendo unos porcentajes satisfactorios de identificación correcta de instrumentos respecto a los de otros algoritmos.

- A partir del sistema de reconocimiento del ritmo, se ha desarrollado, con ligeros cambios en la gramática y los modelos empleados, un sistema para determinar el estilo musical de algunas danzas clásicas, cuya formulación rítmica está basada en la sucesión de un mismo compás simple. El sistema se ha evaluado sobre composiciones musicales reales de diferentes estilos. Los experimentos han arrojado resultados de clasificación correcta superiores a otros procedimientos propuestos, cuando se realiza la clasificación con el mismo número de estilos musicales y se emplea sólo la información procedente del ritmo.

En resumen, se pueden extraer dos conclusiones finales:

1. En primer lugar, y la más importante, es que los modelos ocultos de Markov se muestran potencialmente muy útiles aplicados al reconocimiento de características musicales. A partir de dos sistemas básicos, ha sido posible determinar ritmos, estilos, melodías e instrumentos de música monofónica y polifónica.

2. En segundo lugar se ofrece un preprocesado óptimo de las señales musicales susceptible de ser usado como referente básico en distintas aplicaciones prácticas en las que se trate de reconocer características contextuales de la música.

7.2   Trabajo futuro

Los dos sistemas básicos propuestos muestran la bondad de los HMM aplicados a la detección de un amplio espectro de características musicales, lo que se ha conseguido realizando pequeños cambios en los sistemas originales. Los resultados obtenidos por éstos se pueden calificar de prometedores, en tanto en cuanto son comparables cualitativamente a los ofrecidos por otras técnicas descritas en la bibliografía, y que en la mayoría de los casos han sido diseñadas para resolver un problema específico. Es previsible que se produzcan importantes mejoras para cada una de las aplicaciones tratadas a través de:

- La utilización de un procesamiento más específico de la señal, como por ejemplo, filtrados específicos aislando octavas o determinados armónicos.

- HMM más especializados, que sean capaces de reconocer acordes o notas distintas tocadas simultáneamente por varios instrumentos.

- Incorporación de información de alto nivel relativa al contexto musical, que podría variar según el tipo de característica que se pretende reconocer.

Los siguientes apartados recogen las posibles vías de mejora de los dos sistemas propuestos según el tipo de aplicación al que se destinan.

7.2.1 Detección del ritmo y del estilo musical

La posible mejora del sistema de clasificación de estilos musicales podría consistir en aumentar la información que se extrae de las muestras, como, por ejemplo, tratar de determinar el tempo o "rapidez" de la música, junto con otras magnitudes derivadas del ritmo.

7.2.2 Detección de la melodía en monofonía

El desarrollo de un sistema completo de detección de melodías pasa necesariamente por el reconocimiento de todas las notas posibles, que abarcan las ocho escalas e incluyen los sostenidos (y bemoles) de las mismas. Esto supone un total de 96 símbolos distintos más el silencio. La ampliación de las prestaciones del sistema en este sentido probablemente conlleve la necesidad de modificar ligeramente la parametrización obtenida para la señal, pues al añadir los sostenidos y las escalas más bajas se necesita una mayor resolución para determinar la estructura armónica de las notas.

Por otra parte, para dar mayor robustez al sistema el entrenamiento debe realizarse sobre un número mayor de instrumentos. Esto supone la realización de bases de datos más específicas que tengan en cuenta las notas que cada tipo de instrumento es capaz de interpretar, pues sólo el piano es capaz de generar las 96 notas musicales.

En el ámbito gramatical podría ser incorporada información de contexto musical que mejorara la capacidad de reconocimiento del sistema. Esta información se traduciría en probabilidades de transición entre notas, que pueden ser estudiadas a partir de archivos MIDI de música real o de partituras.

Finalmente, a medio camino entre la música monofónica y la polifónica se encuentra la posibilidad del reconocimiento de acordes, que son un conjunto de notas de la misma duración tocadas simultáneamente por un instrumento. En principio, podrían ser tratados asignándoles un modelo por cada acorde. Sin embargo, el número de posibilidades es tan alto que debería ser reducido de algún modo, como por ejemplo, entrenar al sistema sólo con los acordes más usuales.

7.2.3 Detección de instrumentos

La detección de instrumentos se ha realizado mediante la modificación del sistema de reconocimiento de melodías, con un modelo de nota por cada instrumento. En la etapa de reconocimiento, el sistema asume que la detección de una nota procedente de un instrumento particular es suficiente para indicar que dicho instrumento está presente en la pieza. Aunque los resultados son satisfactorios, este procedimiento es rudimentario y tiene la gran desventaja de elevar los errores de detección, pues cuando existen notas simultáneas procedentes de varios instrumentos, el sistema tiende a identificar un único instrumento.

Las mejoras del sistema en esta aplicación deben conducirlo a que posea la capacidad de determinar en cada momento los instrumentos que intervienen en la pieza musical. Estas mejoras podrían obtenerse de dos modos, que pueden ser complementarios:

1) Realizando un filtrado de la señal que incluya exclusivamente la banda de armónicos superiores para tratar de caracterizar el timbre de cada instrumento.

2) Entrenar un único modelo por instrumento, de modo que el HMM sea capaz de extraer la información común de todas las notas tocadas por dicho instrumento.

Finalmente, el sistema podría detectar la presencia de dos o más instrumentos simultáneamente a través de un análisis diferenciado de las bandas de armónicos características de los instrumentos, o bien, entrenando modelos que detecten una

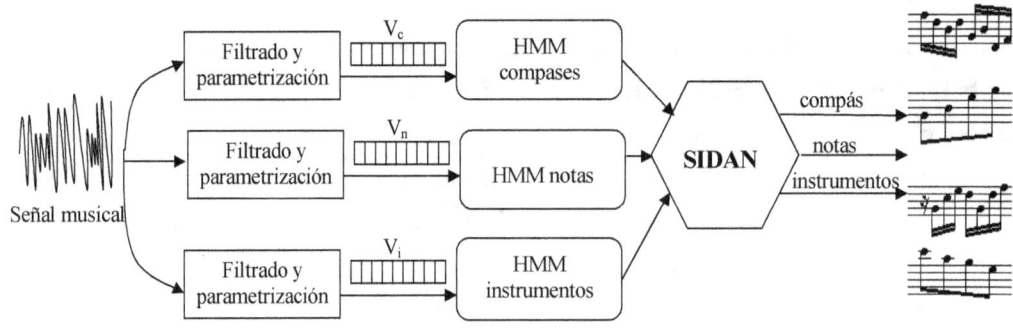

Figura 7.1: Sistema basado en HMM especializados y en decisiones de alto nivel para el reconocimiento de melodías polifónicas.

conjunción particular de dos o más instrumento, aunque esta solución implicaría el uso de gran cantidad de HMM.

7.2.4 Detección de la melodía en polifonía

Ciertamente este es el sistema más complejo porque reúne todas las dificultades que se encuentran en las aplicaciones anteriores. La idea es mejorar la detección de melodías en música polifónica utilizando toda la información de alto nivel obtenida por los sistemas tratados anteriormente: detección del ritmo, reconocimiento de instrumentos y detección de melodías monofónicas. El sistema propuesto podría estar compuesto por 3 módulos distintos a los que les llegaría una parametrización específica de la señal: para el reconocimiento de notas, para la detección de instrumentos y la destinada al reconocimiento de compases. La información parcial que extrae cada subsistema puede ser utilizada por los demás para la toma de decisiones a alto nivel, mejorando el rendimiento conjunto. Esto se realizaría en el Subsistema de Integración de Decisiones de Alto Nivel (SIDAN). Por ejemplo, el sistema puede tratar de determinar varias notas a la vez porque ha detectado en un intervalo la presencia de varios instrumentos. También sería posible descartar la detección de un instrumento porque las notas detectadas no se encuentran dentro del rango de interpretación de dicho instrumento. Un esquema de este sistema se muestra en la Figura 7.1.

APÉNDICE A

LISTADO DE CANCIONES DE LAS BASES DE DATOS

Listado de canciones de la base de datos ComCDReP

Las distintas canciones que han sido utilizadas para realizar la base de datos ComCDReP se presentan a continuación, indicándose en primer lugar el título, el intérprete y/o el autor, y el nombre de la edición del CD.

Mambos

- Granada. (Lara). Tango & Mambo ¡Caliente! The Gold Collection 40 Classic Performances. Proper/Retro (1997).
- Cuban mambo (Cugat-Wiseman). Tango & Mambo ¡Caliente! The Gold Collection 40 Classic Performances. Proper/Retro (1997).
- Bésame mucho (Velázquez). Tango & Mambo ¡Caliente! The Gold Collection 40 Classic Performances. Proper/Retro (1997).
- Tequila (Río). Tango & Mambo ¡Caliente! The Gold Collection 40 Classic Performances. Proper/Retro (1997).
- Begin the begine (Porter). Tango & Mambo ¡Caliente! The Gold Collection 40 Classic Performances. Proper/Retro (1997).
- Mambo jambo (Prado). Tango & Mambo ¡Caliente! The Gold Collection 40 Classic Performances. Proper/Retro (1997).
- Patricia (Prado). Tango & Mambo ¡Caliente! The Gold Collection 40 Classic Performances. Proper/Retro (1997).
- Quizás, quizás, quizás (Farres-Davis). Tango & Mambo ¡Caliente! The Gold Collection 40 Classic Performances. Proper/Retro (1997).
- Ay Ay Ay (Freire). Tango & Mambo ¡Caliente! The Gold Collection 40 Classic Performances. Proper/Retro (1997).
- Frenesí (Domínguez). Tango & Mambo ¡Caliente! The Gold Collection 40 Classic Performances. Proper/Retro (1997).
- Tito mambo (Puente). Tango & Mambo ¡Caliente! The Gold Collection 40 Classic Performances. Proper/Retro (1997).
- Mambo con Puente (Puente). Tango & Mambo ¡Caliente! The Gold Collection 40 Classic Performances. Proper/Retro (1997).

- Baile mi mambo (Guerra). Tango & Mambo ¡Caliente! The Gold Collection 40 Classic Performances. Proper/Retro (1997).

- Mambo diablo (Puente). Tango & Mambo ¡Caliente! The Gold Collection 40 Classic Performances. Proper/Retro (1997).

- Por tu amor (Puente). Tango & Mambo ¡Caliente! The Gold Collection 40 Classic Performances. Proper/Retro (1997).

- Relax and mambo (Machito). Tango & Mambo ¡Caliente! The Gold Collection 40 Classic Performances. Proper/Retro (1997).

- Bananas (Machito). Tango & Mambo ¡Caliente! The Gold Collection 40 Classic Performances. Proper/Retro (1997).

- Mamboscope (Machito). Tango & Mambo ¡Caliente! The Gold Collection 40 Classic Performances. Proper/Retro (1997).

- Sentimental mambo (Machito). Tango & Mambo ¡Caliente! The Gold Collection 40 Classic Performances. Proper/Retro (1997).

- The Jamican (Machito). Tango & Mambo ¡Caliente! The Gold Collection 40 Classic Performances. Proper/Retro (1997).

- Mambo del amor (Celia Cruz). Tango & Mambo ¡Caliente! The Gold Collection 40 Classic Performances. Proper/Retro (1997).

- Tamborilero (Celia Cruz). Tango & Mambo ¡Caliente! The Gold Collection 40 Classic Performances. Proper/Retro (1997).

- Melao de caña (Celia Cruz). Tango & Mambo ¡Caliente! The Gold Collection 40 Classic Performances. Proper/Retro (1997).

- Non so lo que pasa (Celia Cruz). Tango & Mambo ¡Caliente! The Gold Collection 40 Classic Performances. Proper/Retro (1997).

- Cao Cao mani picao (Celia Cruz). Tango & Mambo ¡Caliente! The Gold Collection 40 Classic Performances. Proper/Retro (1997).

- Papa loves mambo (Hoffman-Manning-Reichner). Mambo. Delta Music GmbH (1991).

- Jungle mambo (McAlea). Mambo. Delta Music GmbH (1991).

- New Orleans (McAlea). Mambo. Delta Music GmbH (1991).

- Mambo Inn (Sampson-Woodelen-Banza). Mambo. Delta Music GmbH (1991).

- Mambo Riviera (McAlea). Mambo. Delta Music GmbH (1991).

Tangos

- La cumparsita (Matos Rodríguez-Contursi-Maroni). The Universal Collection Tango. Knife Music S.L.

- Caminito (Coria-Peñazola-Filiberto). The Universal Collection Tango. Knife Music S.L.

- Buenos Aires (M. Romero). The Universal Collection Tango. Knife Music S.L.

- Lo han visto con otra (M. Pettorossi). The Universal Collection Tango. Knife Music S.L.

- A media luz (E. Donatto). The Universal Collection Tango. Knife Music S.L.

- Uno (E. S. Discépolo-M. Mores). The Universal Collection Tango. Knife Music S.L.

- Volver (A. Lepera-C. Gardel). The Universal Collection Tango. Knife Music S.L.

- Melodía de Arrabal (A. Lepera-C. Gardel-Battistella). The Universal Collection Tango. Knife Music S.L.

- Tomo y obligo (C. Gardel-M. Romero). The Universal Collection Tango. Knife Music S.L.

- Esta noche me emborracho (Santos-Discépolo). The Universal Collection Tango. Knife Music S.L.

- Golondrinas (A. Lepera-C. Gardel). The Universal Collection Tango. Knife Music S.L.

- Garufa (Fontaine-Solino Collazo). The Universal Collection Tango. Knife Music S.L.

- Muñeca Brava (E. D. Cadicano-L. N. Visca). The Universal Collection Tango. Knife Music S.L.

- Malevaje (Discépolo-Filiberto). The Universal Collection Tango. Knife Music S.L.

- La maga (M. L. Burillo). The Universal Collection Tango. Knife Music S.L.

- Última (M.A. Campos). The Universal Collection Tango. Knife Music S.L.

- Tonta, mi niña tonta (M. L. Burillo). The Universal Collection Tango. Knife Music S.L.

- Luz amanecida (A. Hernández). The Universal Collection Tango. Knife Music S.L.

- Este amor conocido (M. L. Burillo). The Universal Collection Tango. Knife Music S.L.

- Borracho (A. Carvajal). The Universal Collection Tango. Knife Music S.L.

- Qué sutil perfume (A. Ojeda). The Universal Collection Tango. Knife Music S.L.

- Aquella Flor (M. L. Burillo). The Universal Collection Tango. Knife Music S.L.

- Romance inusitado (R. López Muñoz). The Universal Collection Tango. Knife Music S.L.

- Hijo (M. L. Burillo). The Universal Collection Tango. Knife Music S.L.

- Miedo (A. Hernández). The Universal Collection Tango. Knife Music S.L.

- Callejero (M. L. Burillo). The Universal Collection Tango. Knife Music S.L.

- Libertango (Piazzola). Tango & Mambo ¡Caliente! The Gold Collection 40 Classic Performances. Proper/Retro (1997).

- Biyuya (Piazzola). Tango & Mambo ¡Caliente! The Gold Collection 40 Classic Performances. Proper/Retro (1997).

- República Argentina (Lipesker-Ghiso). Tango & Mambo ¡Caliente! The Gold Collection 40 Classic Performances. Proper/Retro (1997).

- De mi bandoneón (Prechi). Tango & Mambo ¡Caliente! The Gold Collection 40 Classic Performances. Proper/Retro (1997).

Rumbas

- Chinita Chula (Rodríguez-Monreal-Araque). The Golden Collection, Las Mejores Rumbas. Dial Discos S.A. (1999).

- Pa la Candelaria (Jiménez oliva-Lozano Hernández). The Golden Collection, Las Mejores Rumbas. Dial Discos S.A. (1999).

- Azúcar y Miel (J.J. Barrull). The Golden Collection, Las Mejores Rumbas. Dial Discos S.A. (1999).

- El Pozo donde bebes (González Cabanillas). The Golden Collection, Las Mejores Rumbas. Dial Discos S.A. (1999).

- El Medallón (Escalona). The Golden Collection, Las Mejores Rumbas. Dial Discos S.A. (1999).

- La Saporrita (S. Viloria). The Golden Collection, Las Mejores Rumbas. Dial Discos S.A. (1999).

- La fiesta no es para feos (W. Guevara). The Golden Collection, Las Mejores Rumbas. Dial Discos S.A. (1999).

- El mundo vivo (G. González). The Golden Collection, Las Mejores Rumbas. Dial Discos S.A. (1999).

- Cuenta conmigo (García Tejero). The Golden Collection, Las Mejores Rumbas. Dial Discos S.A. (1999).

- Mi negra (C. G. I.). The Golden Collection, Las Mejores Rumbas. Dial Discos S.A. (1999).

- Don Toribio Carambola (Domingo González). The Golden Collection, Las Mejores Rumbas. Dial Discos S.A. (1999).

- Voy, voy (Peret). The Golden Collection, Las Mejores Rumbas. Dial Discos S.A. (1999).

- Mi novia (Román-García Tejero). The Golden Collection, Las Mejores Rumbas. Dial Discos S.A. (1999).

- Y se.. (Román-García Tejero). The Golden Collection, Las Mejores Rumbas. Dial Discos S.A. (1999).

- Ven conmigo (M. Gallego Carretero). The Golden Collection, Las Mejores Rumbas. Dial Discos S.A. (1999).

- Corazones rotos (Cimarra-González). The Golden Collection, Las Mejores Rumbas. Dial Discos S.A. (1999).

- A menta y canela (J. J. Barrull). The Golden Collection, Las Mejores Rumbas. Dial Discos S.A. (1999).

- Agua pa mí (Granados- L. Granados). The Golden Collection, Las Mejores Rumbas. Dial Discos S.A. (1999).

- Amarillo limón (Román-Jaén). The Golden Collection, Las Mejores Rumbas. Dial Discos S.A. (1999).

- Puerta (Román-Jaén). The Golden Collection, Las Mejores Rumbas. Dial Discos S.A. (1999).

- Déjala (Triada Sur). Las Mejores Rumbas por los Mejores Artistas. Village Records. (1997)

- Zalaina (La Marelu). Las Mejores Rumbas por los Mejores Artistas. Village Records. (1997)

- Mundo Loco (Los del Río). Las Mejores Rumbas por los Mejores Artistas. Village Records. (1997)

- Pensamientos (Paquita Rico). Las Mejores Rumbas por los Mejores Artistas. Village Records. (1997)

- Moliendo café (Las Rumberas). Las Mejores Rumbas por los Mejores Artistas. Village Records. (1997)

- Yo no, no y no (Lola Flores). Las Mejores Rumbas por los Mejores Artistas. Village Records. (1997)

- Vientos de menta (Jesús Monje Pijote). Las Mejores Rumbas por los Mejores Artistas. Village Records. (1997)

- Mis sueños de amor (La Marelu). Las Mejores Rumbas por los Mejores Artistas. Village Records. (1997)

- Fantasía (Triada Sur). Las Mejores Rumbas por los Mejores Artistas. Village Records. (1997)

- Popurrí rumbero (Los del Río). Las Mejores Rumbas por los Mejores Artistas. Village Records. (1997)

Valses

- Sangre vienesa (Strauss). Valses Vieneses. Barabarela. (1999).

- El Danubio azul (Strauss). Valses Vieneses. Barabarela. (1999).

- Cuentos de los bosques de Viena (Strauss). Valses Vieneses. Barabarela. (1999).

- Olas del Danubio (Strauss). Valses Vieneses. Barabarela. (1999).

- Las golondrinas de Austria (Strauss). Valses Vieneses. Barabarela. (1999).

- Vals del Emperador (Strauss). Valses Vieneses. Barabarela. (1999).

- Periódicos de la mañana (Strauss). Valses Vieneses. Barabarela. (1999).

- Armonía celeste (Strauss). Valses Vieneses. Barabarela. (1999).

- Vida de artista (Strauss). Valses Vieneses. Barabarela. (1999).

- Sueño de un vals (Strauss). Valses Vieneses. Barabarela. (1999).

- Rosas del Sur (J. Strauss). Valses de Amor. Happy. (2000).

- El vals del emperador (J. Strauss). Valses de Amor. Happy. (2000).

- Come, bebe y sé feliz (J. Strauss). Valses de Amor. Happy. (2000).

- Vals del ensueño (J. Strauss). Valses de Amor. Happy. (2000).

- El bello Narenta verde (J. Strauss). Valses de Amor. Happy. (2000).

- Sueños de primavera (J. Strauss). Valses de Amor. Happy. (2000).

- Bombones de Viena (J. Strauss). Valses de Amor. Happy. (2000).
- Vino, mujeres y canciones (J. Strauss). Valses de Amor. Happy. (2000).
- El murciélago (J. Strauss). Valses de Amor. Happy. (2000).
- Paprika valse (J. Strauss). Valses de Amor. Happy. (2000).
- Aceleraciones (J. Strauss). Valses de Amor. Happy. (2000).
- El barón gitano (J. Strauss). Valses de Amor. Happy. (2000).
- Sonido de la espera (J. Strauss). Valses de Amor. Happy. (2000).
- Vals de las dinamidas (J. Strauss). Valses de Amor. Happy. (2000).
- La marcha Radetzky (J. Strauss). Valses de Amor. Happy. (2000).
- Walc Es-dur (opus 18) (Chopin). I Muzika Romantyczna. Viola Publications & Records. (1992).
- Walc As-dur (opus 34) (Chopin). I Muzika Romantyczna. Viola Publications & Records. (1992).
- Walc Des-dur (opus 64) (Chopin). I Muzika Romantyczna. Viola Publications & Records. (1992).
- Walc h-moll (opus 69) (Chopin). I Muzika Romantyczna. Viola Publications & Records. (1992).
- Walc Ges-dur (opus 70) (Chopin). I Muzika Romantyczna. Viola Publications & Records. (1992).

Boleros

- La vida es un sueño (Arsenio Rodríguez). Veinte boleros directos al corazón. Eurotropical Muxxic. (2001)
- Tú me acostumbraste (Frank Domínguez). Veinte boleros directos al corazón. Eurotropical Muxxic. (2001)
- La noche de anoche (René Touzet). Veinte boleros directos al corazón. Eurotropical Muxxic. (2001)
- Delirio (César Portilo de la Cruz). Veinte boleros directos al corazón. Eurotropical Muxxic. (2001)
- Cosas del alma (Pepe Delgado). Veinte boleros directos al corazón. Eurotropical Muxxic. (2001)

- Vuélveme a querer (Mario Álvarez). Veinte boleros directos al corazón. Eurotropical Muxxic. (2001)

- Deuda (Luis Marquetti). Veinte boleros directos al corazón. Eurotropical Muxxic. (2001)

- Alma libre (Juan Bruno Tarraza). Veinte boleros directos al corazón. Eurotropical Muxxic. (2001)

- Ojos malvados (Cristina Saladrigas). Veinte boleros directos al corazón. Eurotropical Muxxic. (2001)

- Nosotros (Pedro Junco). Veinte boleros directos al corazón. Eurotropical Muxxic. (2001)

- Tú no sospechas (Marta Valdés). Veinte boleros directos al corazón. Eurotropical Muxxic. (2001)

- Que te pedí (Fernando Mulens). Veinte boleros directos al corazón. Eurotropical Muxxic. (2001)

- Lágrimas negras (Miguel Matamoros). Veinte boleros directos al corazón. Eurotropical Muxxic. (2001)

- No me vayas a engañar (Osvaldo Farrés). Veinte boleros directos al corazón. Eurotropical Muxxic. (2001)

- Dos gardenias (Insolina Carrillo). Veinte boleros directos al corazón. Eurotropical Muxxic. (2001)

- Acerca el oído (Arsenio Rodríguez). Veinte boleros directos al corazón. Eurotropical Muxxic. (2001)

- Quiéreme mucho (Gonzalo Roig). Veinte boleros directos al corazón. Eurotropical Muxxic. (2001)

- Le dije a una rosa (Virgilio González). Veinte boleros directos al corazón. Eurotropical Muxxic. (2001)

- Tres palabras (Osvaldo Farrés). Veinte boleros directos al corazón. Eurotropical Muxxic. (2001)

- En falso (Graciano Gómez). Veinte boleros directos al corazón. Eurotropical Muxxic. (2001)

- Miénteme (Ch. Domínguez). Olga Gillot Boleros. Dial Discos S.A. (1982)

- Campanitas de cristal (R. Hernández). Olga Gillot Boleros. Dial Discos S.A. (1982)

- Eso y más (J. B. Tanoza). Olga Gillot Boleros. Dial Discos S.A. (1982)
- Comunicando (Paloma Gómez). Olga Gillot Boleros. Dial Discos S.A. (1982)
- Vete de mí (J. H. Expósito). Olga Gillot Boleros. Dial Discos S.A. (1982)
- Vivir de los recuerdos (Baby Lozano). Olga Gillot Boleros. Dial Discos S.A. (1982)
- Enamorada (Yanes Gómez). Olga Gillot Boleros. Dial Discos S.A. (1982)
- Total (R. C. Perdomo). Olga Gillot Boleros. Dial Discos S.A. (1982)
- No vale la pena (O. De la Rosa). Olga Gillot Boleros. Dial Discos S.A. (1982)
- La gloria eres tú (J. A. Méndez). Olga Gillot Boleros. Dial Discos S.A. (1982)

Chachachá

- Capullito de alelí (Hernández). Cha Cha Cha para bailar. Diresa. (2000)
- Señor juez (Zamora). Cha Cha Cha para bailar. Diresa. (2000)
- El mandarín (Molina). Cha Cha Cha para bailar. Diresa. (2000)
- El maletero (López Martín). Cha Cha Cha para bailar. Diresa. (2000)
- Los solterones (Márquez). Cha Cha Cha para bailar. Diresa. (2000)
- Agua con azúcar (Ruiz jr.). Cha Cha Cha para bailar. Diresa. (2000)
- Satanás (Molina). Cha Cha Cha para bailar. Diresa. (2000)
- Policías y ladrones (Marmolejos). Cha Cha Cha para bailar. Diresa. (2000)
- El alboroto (Olivares). Cha Cha Cha para bailar. Diresa. (2000)
- Norte y Sur (Chevalier). Cha Cha Cha para bailar. Diresa. (2000)
- Cha cha negro (Román). Cha Cha Cha para bailar. Diresa. (2000)
- Son dos luceros (Marmolejo). Cha Cha Cha para bailar. Diresa. (2000)
- Eso es el amor (Iglesias). Cha Cha Cha para bailar. Diresa. (2000)
- Cerezo Rosa (Loviguy-Taure). Cha Cha Cha para bailar. Diresa. (2000)
- Chipi chipi (Rodríguez). Cha Cha Cha para bailar. Diresa. (2000)
- Muñecas del cha cha cha (Cruz). Cha Cha Cha para bailar. Diresa. (2000)
- Corazón de melón (Rigual). Cha Cha Cha para bailar. Diresa. (2000)
- El Bodeguero (Richard). Cha Cha Cha para bailar. Diresa. (2000)
- Frenesí (Domínguez). Cha Cha Cha para bailar. Diresa. (2000)
- La cucaracha (Popular). Cha Cha Cha para bailar. Diresa. (2000)
- Siboney (Lecuona). Cha Cha Cha para bailar. Diresa. (2000)

- Gozando siempre gozando (Tarraza). Cha Cha Cha para bailar. Diresa. (2000)
- Luna lunera (Fergo). Cha Cha Cha para bailar. Diresa. (2000)
- Quién será (Farrés). Cha Cha Cha para bailar. Diresa. (2000)
- América (Orquesta América). La Época de Oro del Cha Cha Cha. Volumen 2. Orfeón VideoVox S. A. (1996)
- Pare Cochero (Orquesta Aragón). La Época de Oro del Cha Cha Cha. Volumen 2. Orfeón VideoVox S. A. (1996)
- La engañadora (Enrique Jorrín). La Época de Oro del Cha Cha Cha. Volumen 2. Orfeón VideoVox S. A. (1996)
- Los marcianos (Orquesta América). La Época de Oro del Cha Cha Cha. Volumen 2. Orfeón VideoVox S. A. (1996)
- La blusa azul (Enrique Jorrín). La Época de Oro del Cha Cha Cha. Volumen 2. Orfeón VideoVox S. A. (1996)
- Pimpollo (Orquesta América). La Época de Oro del Cha Cha Cha. Volumen 2. Orfeón VideoVox S. A. (1996)

Sambas

- Amor (Américo-Mateei). Todo Acaba en Samba. Novoson S.L. (1998)
- Camila (Nené-Ricardinho). Todo Acaba en Samba. Novoson S.L. (1998)
- Baixada fluminense (Mattos-Silveira). Todo Acaba en Samba. Novoson S.L. (1998)
- Nao deixe o samba morrer (Silva-Conçeiçao). Todo Acaba en Samba. Novoson S.L. (1998)
- Ai de mim (Américo-Braguinha). Todo Acaba en Samba. Novoson S.L. (1998)
- Teu corpo sorriu (Américo). Todo Acaba en Samba. Novoson S.L. (1998)
- Pena verde (A. Manoel). Todo Acaba en Samba. Novoson S.L. (1998)
- Cantar da primavera (Babú- Abate). Todo Acaba en Samba. Novoson S.L. (1998)
- Lamento de un sambista (Godoy-Roran). Todo Acaba en Samba. Novoson S.L. (1998)
- Dar a volta por cima (P. Vanzolina). Todo Acaba en Samba. Novoson S.L. (1998)
- Melhor para nos (Popular). Todo Acaba en Samba. Novoson S.L. (1998)
- Eu ja fui tao feliz (Castro-Ultorini). Todo Acaba en Samba. Novoson S.L. (1998)
- Amor que perdí (D. Shanon). Todo Acaba en Samba. Novoson S.L. (1998)

- Abra seu coraçao (Carvalho-Alf). Todo Acaba en Samba. Novoson S.L. (1998)
- Olho comprimido (Elizete-Cassio). Todo Acaba en Samba. Novoson S.L. (1998)
- E seu o lugar (Carlos-Pedro). Todo Acaba en Samba. Novoson S.L. (1998)
- Abalando o pelo (A. Da Costa). Todo Acaba en Samba. Novoson S.L. (1998)
- Tre le le (A. Lima). Todo Acaba en Samba. Novoson S.L. (1998)
- Filho da cuca (Escalante-Álvarez). Todo Acaba en Samba. Novoson S.L. (1998)
- Liga pro meu celular (Popular). Todo Acaba en Samba. Novoson S.L. (1998)
- Remexe mexe (Paz-Arión-Silva). Todo Acaba en Samba. Novoson S.L. (1998)
- Nordestino (Ary P. B.). Todo Acaba en Samba. Novoson S.L. (1998)
- Avisa lá (Popular). Todo Acaba en Samba. Novoson S.L. (1998)
- Frevo Mulher (Zé Ramalho). Todo Acaba en Samba. Novoson S.L. (1998)
- Melo do uga uga (A. Da Costa). Todo Acaba en Samba. Novoson S.L. (1998)
- Tristeza (Lobo-Triste). Todo Acaba en Samba. Novoson S.L. (1998)
- Use alcool (Popular). Todo Acaba en Samba. Novoson S.L. (1998)
- Ex amor (M. Da Vila). Todo Acaba en Samba. Novoson S.L. (1998)
- Sentimiento infinito (Popular). Todo Acaba en Samba. Novoson S.L. (1998)
- Mama eu quero (V. Paula). Todo Acaba en Samba. Novoson S.L. (1998)

Sardanas

- Sota el mas ventos (J. Bonaterra). 19 Sardanes d'avui i de sempre. Fonomusic S.A. (1992)
- La meva saltirona (J. Capell). 19 Sardanes d'avui i de sempre. Fonomusic S.A. (1992)
- Sol ixent (E. Toldrá). 19 Sardanes d'avui i de sempre. Fonomusic S.A. (1992)
- Llevantina (V. Bou). 19 Sardanes d'avui i de sempre. Fonomusic S.A. (1992)
- La santa espina (E. Morera). 19 Sardanes d'avui i de sempre. Fonomusic S.A. (1992)
- Les fulles seques (E. Morera). 19 Sardanes d'avui i de sempre. Fonomusic S.A. (1992)
- T'estimo (J. Serra). 19 Sardanes d'avui i de sempre. Fonomusic S.A. (1992)
- Vigatana (J. Saderra). 19 Sardanes d'avui i de sempre. Fonomusic S.A. (1992)

- Per tu ploro (P. Ventura). 19 Sardanes d'avui i de sempre. Fonomusic S.A. (1992)
- El cavaller enamorat (J. Manén). 19 Sardanes d'avui i de sempre. Fonomusic S.A. (1992)
- A Lloret de Mar (R. Viladesau). 19 Sardanes d'avui i de sempre. Fonomusic S.A. (1992)
- María del Claustre (J. Serra). 19 Sardanes d'avui i de sempre. Fonomusic S.A. (1992)
- Encara hi soc (F. Mauné). 19 Sardanes d'avui i de sempre. Fonomusic S.A. (1992)
- Festa de Sant Isidre (A. R. Marbá). 19 Sardanes d'avui i de sempre. Fonomusic S.A. (1992)
- El cirerer (E. Morera). 19 Sardanes d'avui i de sempre. Fonomusic S.A. (1992)
- La Monserrat (J. B. Lambert). 19 Sardanes d'avui i de sempre. Fonomusic S.A. (1992)
- De Sant Feliu a S'Agaró (V. Bou). 19 Sardanes d'avui i de sempre. Fonomusic S.A. (1992)
- Mollerusa ciutat gran (J. Capell). 19 Sardanes d'avui i de sempre. Fonomusic S.A. (1992)
- Records de ma terra (J. Serra). 19 Sardanes d'avui i de sempre. Fonomusic S.A. (1992)
- Angelina (V. Bou). La Santa Espina. PAPA Music. (1998)
- Bona festa (J. V. Xaxu). La Santa Espina. PAPA Music. (1998)
- Tossa Bonica (M. Ros). La Santa Espina. PAPA Music. (1998)
- El saltiró de la cardina (V. Bou). La Santa Espina. PAPA Music. (1998)
- Girona aimada (V. Bou). La Santa Espina. PAPA Music. (1998)
- Record de Calella (V. Bou). La Santa Espina. PAPA Music. (1998)
- El cant dels ocells (P. Ventura). La Santa Espina. PAPA Music. (1998)
- María de les Trenes (J. Saderra). La Santa Espina. PAPA Music. (1998)
- El toc d'oració (P. Ventura). La Santa Espina. PAPA Music. (1998)
- La plaga D'Amer (P. Fontás). Per sempre , sardanes. Estudi de gravació 44.1. (2002)
- 20 anys D'il Lusió(P. Fontás). Per sempre , sardanes. Estudi de gravació 44.1. (2002)

Listado de canciones de las bases de datos NoVMiReM y NoVMiReP

Las piezas musicales que componen las bases de datos de música procedente de archivos MIDI son las siguientes:

- Concierto para dos pianos en Do (BWV 1061): Fuga. J.S. Bach.
- Concierto para piano número 1 en Do (opus 15): Allegro con brio. L.V. Beethoven.
- Sinfonía número 9 en Fa (opus 125): Segundo Movimiento. L.V. Beethoven.
- Ein Deutches Requiem: Primer movimiento. J. Brahms.
- Ein Deutches Requiem: Sexto movimiento. J. Brahms.
- Claro de Luna. C. Debussy.
- Sinfonía número 7 en Re menor (opus 70): Tercer movimiento. A. Dvorak.
- Holberg suite primer movimiento (opus 40). E. Grieg.
- Segunda suite en Fa (opus 28b): Marcha. G. Holst.
- Concierto para flauta arpa y orquesta en Do mayor (K.299). W. A. Mozart.

El concierto para dos pianos en Do de Bach, el primer movimiento de Ein Deutches Requiem de Brahms, y el primer movimiento de Holberg suite de Grieg, no se han empleado para realizar las muestras de tres y cuatro instrumentos de la base NoVMiReP, por no cumplir las condiciones de número de instrumentos, figuras o escalas requeridas para todas las notas.

APÉNDICE B

ASPECTOS COMPUTACIONALES

Todas las tareas necesarias para desarrollar el presente trabajo: creación de las bases de datos, extracción de parámetros de la señal, configuración y entrenamiento de los modelos y la obtención de los resultados de reconocimiento, se han realizado utilizando el mismo equipo. Se trata de un PC con un procesador AMD K7 Athlon a 800Mhz, con 128 Mbytes de memoria RAM y una tarjeta de sonido Sound Blaster 1.024 Live 5.1, que ha sido utilizada en la producción y adquisición de las señales musicales. La elección de esta tarjeta se debe a la calidad de su tabla de ondas, que permite reproducir notas de muchos instrumentos distintos con gran similitud al sonido real, y por otra parte a la capacidad de reproducción y grabación simultáneas.

Respecto a los programas utilizados, el más destacado es la herramienta HTK, que provee un conjunto de archivos ejecutables a través de la línea de comandos, los cuales permiten realizar todo tipo de operaciones sobre los modelos ocultos de Markov (inicialización, entrenamiento, reconocimiento, etc.), y otras tareas relacionadas con las anteriores como parametrización de la señal, creación de gramáticas, etc. Aunque HTK ofrece la mayoría de la funcionalidad requerida, ha sido necesario desarrollar algunos programas en lenguaje C y en Visual Basic para completar los aspectos no satisfechos, como la generación de archivos MIDI aleatorios, la automatización del etiquetado o la generación y la evaluación del sistema empleado en indexación por melodías. El procesado de los archivos MIDI se ha realizado con la ayuda de las utilidades gratuitas para PC desarrolladas por Günter Nagler [Nagler 2002].

A continuación se explica detalladamente cómo se ha realizado la creación de las bases de datos de música aleatoria (NoFMiAlM y NoVMiAlM) y posteriormente el etiquetado de las muestras obtenidas a partir de los archivos MIDI.

Creación de las bases de datos NoFMiAlM y NoVMiAlM

Los archivos MIDI representan secuencias de comandos o mensajes que especifican una serie de acciones que deben ser realizadas por un instrumento musical o por un sintetizador de sonidos. El instrumento que recibe estas secuencias ejecuta los comandos si están dentro de sus posibilidades, si no es así, es decir, algún comando no puede ejecutarse, entonces se ignora. Cada mensaje MIDI está codificado en una cadena de datos digitales binarios, y son de muy diversa índole, mensajes de control de canal, de control de

Comando	Unidad	Pista	Canal	Parámetros		Nota	Velocidad
Cabec. 0	0ms	T0	C0	Ver1 480unidades	17tracks		
Tempo 0	0ms	T0	C0	155.09bpm 386865			
Nota 3840	3094ms	T7	C7	436unidades	352ms	b4	Vel103
Nota 3840	3094ms	T10	C10	447unidades	361ms	c#3	Vel97
Nota 3840	3094ms	T7	C7	450unidades	363ms	g#4	Vel120
Nota 3840	3094ms	T7	C7	462unidades	373ms	e4	Vel107
Nota 3840	3094ms	T10	C10	509unidades	411ms	c2	Vel61
Nota 3840	3094ms	T2	C2	940unidades	758ms	e2	Vel118
Nota 4297	3463ms	T7	C7	250unidades	201ms	b4	Vel107
Texto 0	0ms	T2	C0	Texto @AUTOR			

Figura B.1: Ejemplo de archivo de texto obtenido con el programa *midinote* de Günter Nagler, a partir de un fichero MIDI. Cualquier fichero de texto con la misma estructura, puede ser transformado en uno MIDI con la herramienta *note2mid*. Los términos ingleses han sido traducidos al español.

instrumentos, etc. Estos últimos mensajes sirven para indicarle a cada instrumento las notas musicales y cómo deben ser interpretadas por cada uno de ellos.

Una de las facilidades ofrecidas por las herramientas de Günter Nagler es la posibilidad de convertir archivos MIDI en otros de tipo texto favoreciendo su lectura y manejo. También es posible realizar el proceso inverso, es decir, a partir de un archivo de texto con el formato adecuado se puede crear un archivo MIDI, preparado para ser interpretado por un sintetizador o un instrumento adecuado.

La generación de archivos MIDI de notas aleatorias se ha realizado desarrollando un programa en lenguaje C que crea ficheros de tipo texto con el formato adecuado (figura B.1) para ser convertido a un archivo MIDI.

Una vez creados los ficheros MIDI, se interpretan y se graban en formato de ondas wav utilizando para ello el programa *midi2wavrecorder*. Los archivos resultantes ya pueden ser convertidos en vectores de parámetros con el programa *hcopy* de HTK. El esquema de todo el proceso de generación de las muestras de las bases de datos de NoFMiAlM y NoVMiAlM está representado en la figura B.2.

Creación de las bases de datos NoVMiReM y NoVMiReP

Las bases de datos utilizadas para realizar la validación del sistema y para la detección de otras características de la música, han sido construidas a partir de 10 archivos MIDI de

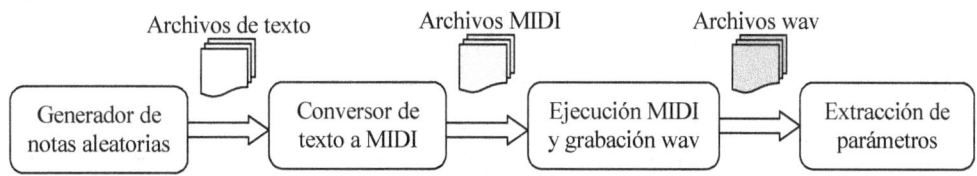

Figura B.2: Esquema de la creación de las muestras de las bases de datos NoFMiAlM y NoVMiAlM.

música real, que han debido ser manipulados previamente para obtener las características necesarias para poder ser utilizados por el sistema.

El procesado de los ficheros MIDI previo a la grabación en formato wav se ha realizado en 4 pasos, con las herramientas MIDI de Nagler:

1) Normalización del ritmo de ejecución de las notas, de forma que la misma figura en archivos distintos represente el mismo tiempo.

2) Extracción del número de canales necesario, uno, dos, tres o cuatro.

3) Eliminación de los silencios iniciales para obtener el mayor número de notas.

4) Extracción de los primeros 30 ó 40 segundos de cada archivo.

Una vez han sido normalizados, seleccionados los canales necesarios y cortados, los ficheros MIDI están preparados para ser convertidos a formato wav utilizando diferentes instrumentos. La figura B.3 muestra el proceso seguido en la realización de las bases de muestras NoVMiReM y NoVMiReP.

Etiquetado automático de las muestras

La creación de los ficheros de etiquetas, necesarios para las etapas de entrenamiento y de reconocimiento del sistema, se ha realizado programando una pequeña rutina en lenguaje C. La información de texto que proporciona la herramienta *midinote* de los archivos MIDI permite conocer los datos necesarios de las notas para realizar el etiquetado, y concretamente, la nota, su octava, el punto de comienzo y su duración. De este modo, analizando los archivos de texto procedentes del MIDI y convirtiendo la información de las notas al formato de archivo de etiquetas HTK, se ha creado un programa de etiquetado automático. El etiquetado de todas las muestras de las bases de datos cuyo origen son

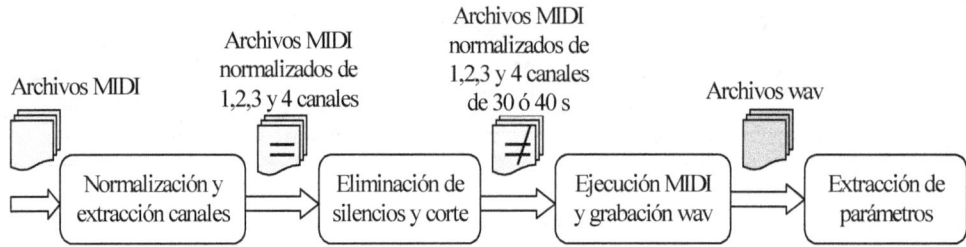

Figura B.3: Proceso de acondicionamiento de los archivos MIDI originales para la creación de muestras wav.

archivos MIDI, se ha efectuado utilizando este programa. El esquema del procedimiento de etiquetado está representado en la figura B.4.

Evaluación del sistema en la indexación por melodía

HTK dispone de programas para evaluar el reconocimiento individual de notas, pero no para la indexación musical por melodías. Para poder llevar a cabo la evaluación de los modelos en indexación han debido desarrollarse dos pequeñas aplicaciones que realizan la generación de cadenas de búsqueda y la evaluación de dicha búsqueda. Estas aplicaciones han sido desarrolladas en el entorno de desarrollo Visual Basic.

El programa de generación, cuya interfaz se muestra en la Figura B.5, se utiliza del siguiente modo:

1) Se le indica el fichero general de etiquetas de la base de datos con el botón "Abrir fichero de etiquetas".

2) Se inserta el número de notas que poseerán las melodías generadas.

3) Al pulsar sobre el botón "Generar consultas" creará cien consultas distintas aleatorias a partir del fichero de etiquetas. Estas consultas se almacenan individualmente en ficheros de diccionario.

Una vez generados los ficheros de melodías para la búsqueda, los modelos realizan el reconocimiento general sobre las muestras de la base de datos, encontrando cadenas de búsqueda y notas individuales. HTK sólo es capaz de evaluar los resultados con notas individuales y palabras, pero no es capaz de hacerlo en el caso que nos ocupa, en el que existen notas que forman parte de cadenas o palabras o pueden aparecer individualmente.

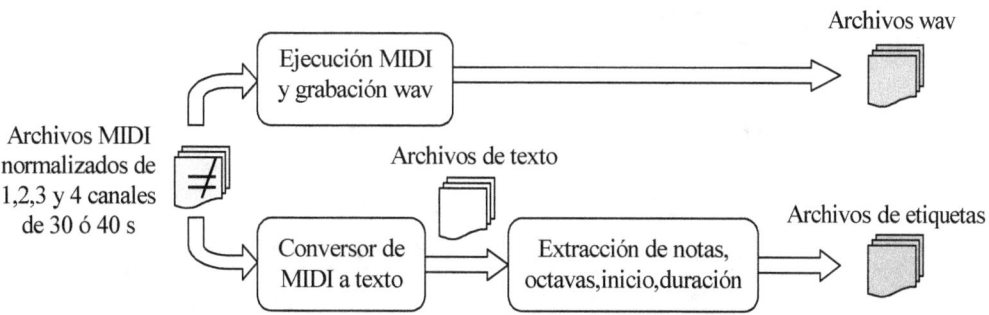

Figura B.4: Proceso de etiquetado de las muestras musicales.

Para evaluar las veces que se han encontrado las cadenas se ha tenido que recurrir a realizar el programa de evaluación de la indexación, cuya interfaz se muestra en la figura B.6, que funciona del siguiente modo:

a) Se indica la raíz de las cadenas de búsqueda y el número de ficheros que quiere evaluarse.

b) Al pulsar la tecla "Estadística", el programa compara el fichero general de etiquetas con el resultado del reconocimiento de cada cadena en la base de datos.

c) Finalmente se ofrecen los resultados de localización correcta, falsas alarmas (cuando se detecta pero no existe realmente la cadena) y errores de detección.

Los resultados de la indexación son dados por el programa en dos formatos: valores globales y en porcentajes.

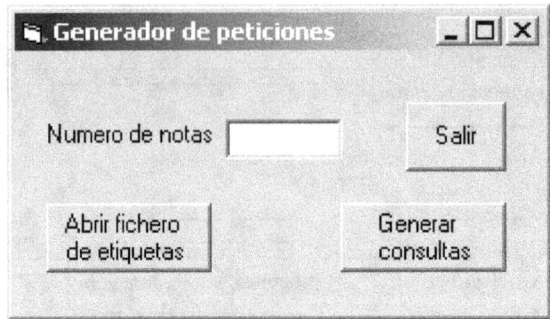

Figura B.5: Interfaz del programa de generación de cadenas de búsqueda.

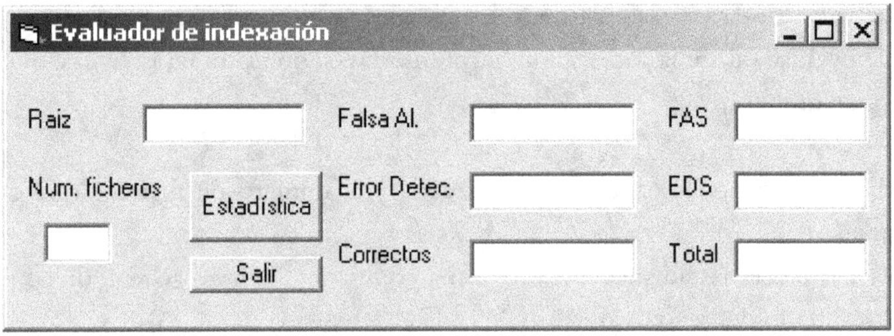

Figura B.6: Interfaz del programa de evaluación de indexación.

BIBLIOGRAFÍA

[Abdallah 2004] S. A. Abdallah y M.. D. Plumbey. Polyphonic Music Transcription by Non-negative Sparse Coding of Spectra. Proceedings of the International Symposium on Music Information Retrieval. (2004)

[Cemgil 2000] A.T. Cemgil, H.J. Kappen, P. Desain y Henkjan Honing. On tempo tracking: Tempogram representation and Kalman filtering. Proceedings of the International Computer Music Conference, pp. 325-355. (2000)

[D'Indy 1950] Vincent D'Indy. Cours de Composition Musicale. Editorial Durand et Fils, Paris. 1ª edición 1903, 3ª revisión 1950. (1950)

[De Pedro 1992] D. De Pedro. Teoría Completa de la Música. Editorial Real Musical. (1992).

[Desain 1998] Desain, P., Honing, H., Thienen, H. van, and Windsor, W. L. Computational Modeling of Music Cognition: Problem or Solution?. Music Perception 151-166. (1998)

[Desain 2000] P. Desain, A.T. Cemgil y B. Kappen. Rhythm Quantization for Transcription. Computer Music Journal, pp. 60-76. (2000)

[Díaz 1995] J. E. Díaz-Verdejo. Reconocimiento de Voz Continua mediante una Aproximación Híbrida basada en SLHMM. Tesis doctoral. Universidad de Granada. (1995)

[Dixon 1999] Simon Dixon. A Beat Tracking System for Audio Signals. Proceedings of the Conference on Mathematical and Computational Methods in Music, Vienna, Austria, pp 101-110.(1999)

[Dixon 2004] S. Dixon, F. Gouyon y G. Widmer. Towards Characterisation of Music Via Rithmic Patterns. Proceedings of the International Symposium on Music Information Retrieval. (2004)

[Dowling 1986] W. J. Dowling y D. L. Harwood. Music Cognition. San Diego Academic Press. (1986)

[Durey 2001] A.S. Durey y M. A. Clements. Melody Spotting Using Hidden Markov Models. Proceedings of the International Symposium on Music Information Retrieval. (2001)

[Durey 2002] A.S. Durey y M. A. Clements. Features for Melody Spotting Using Hidden Markov Models. International Conference of Acoustic Signal and Speech Processing. (2002)

[Ellis 1996] D.P. Ellis. Prediction-driven Computational Auditory Scene Analysis for Dense Sound Mixtures. Proceedings of the 1996b ESCA workshop on the Auditory Basis of Speech Perception. Keele UK. (1996)

[Eronen 2000] A. Eronen, A. Klapuri. Musical Instrument Recognition using Cepstral Coefficients and Temporal Features. Proceedings of the IEEE Int. Conf. on Acoustics, Speech and Signal Processing. (2000)

[Essid 2004] S. Essid, G. Richard y B. David. Musical Instrument Recognition Based on Class Pairwise Feature Selection. Proceedings of the International Symposium on Music Information Retrieval. (2004)

[Flash 2003] P. Flach, H. Blockeel, C. Ferri, J. Hernández-Orallo; J. Struyf. Decision Support for Data Mining: Introduction to ROC analysis and its applications. Data Mining and Decision Support: Integration and Collaboration, Kluwer Academic Publishers. (2003)

[Freund 1996] Y. Freund y R. Shapire. Experiments with a New Boosting Algorithm. Proceedings of the 30th International Conference on Machine Learning. 148-156 (1996)

[Fujinaga 2000] Fujinaga. Realtime recognition of orchestral instruments. Proceedings of the International Computer Music Conference. (2000)

[Furui 1986] Speaker-independent Isolated Word Recognition Using Dynamic Features of Speech Spectrum. IEEE Trans. Acoust., Speech, Signal Processing, ASSP-34(1):52-59.(1986)

[Howe 1998] D. Howe. Free On-line Dictionary of Computing. http://www.foldoc.org. (1998)

[Iríbar 1997] A. Iríbar. El Espectrógrafo y la Música Popular: Algunos Ámbitos de Aplicación al Mundo del Txistu. Revista Txistulari, 172, pp. 50-59. (1997)

[Jones 1989] M. R. Jones y M. Boltz. Dynamic attending and responses to time. Psychological Review 96(3),459-491. (1989)

[Jordá 1990] Sergi Jordá. Música e Inteligencia Artificial. http://www.iua.upf.es/~sergi/. (1990)

[Jordá 1997] Sergi Jordá. Audio digital y MIDI. Guías Monográficas de Anaya Multimedia. (1997)

[Juslin 1997] P. N. Juslin. Emotional communication in music performance: A functionalist perspective and some data. Music Perception, 14 (4), 383-418. (1997)

[Kaminskyj 2000] Kaminskyj. Multi-feature Musical Instrument Sound Classifier. Proc. Australasian Computer Music Conference, Queensland University of Technology. (2000)

[Kappen 2002] H.J. Kappen, A.T. Cemgil. Tempo Tracking and Rhythm Quantization by Sequential Monte Carlo. Advances in Neural Information Processing Systems 14, pp. 1361-1368, MIT Press. (2002)

[Kashino 1998] K. Kashino y H. Murase. Music Recognition Using Note Transition Context. Proceedings ICASSP, pp. VI 3593–6. (1998)

[Klapuri 2001] A. Klapuri, T. Virtanen y J.M. Holm. Robust Multipitch Estimation for Analysis and Manipulation of Polyphonic Musical Signal. (2001)

[Korbicz 2004] J. Korbicz, J. M. Koscielny, Z. Kowalczuk y W. Cholewa. Fault Diagnosis: Models, Artificial Intelligence, Applications. Ed. Springer-Verlag. Berlin Heidelberg New York. (2004)

[Kosch 2003] H.. Kosch. Distributed Multimedia Database Technologies Supported by MPEG-7 and MPEG-21. CRC Press. (2003)

[Krumhansl 2002] C. L. Krumhansl. Music: A Link Between Cognition and Emotion. Current Directions in Psychological Science, 11(2), pp45-50. (2002)

[Large 1995] E. W. Large y J. F. Kolen. Resonance and the Perception of Musical Meter. Connection Science, 6(1), pp. 177-280. (1995)

[Large 1996] W Large. Modeling Beat Perception with a Nonlinear Oscillator. In Proceedings of the Eighteenth Annual Conference of the Cognitive Science Society. (1996)

[Laroche 1994] J. Laroche y J. L. Meillier, "Multichannel excitation/filter modeling of pecurssive sounds with application to the piano". IEEE Transactions on Speech and Audio Processing, vol 2, pp. 329-344. (1994)

[Larousse 1979] Diccionario Enciclopédico Larousse. Editorial Planeta. Barcelona. (1979)

[Lee 1988] K. F. Lee. Large-vocabulary Speaker Independent Continuous Speech Recognition: The SPHINX System. Tesis Doctoral, Universidad Carnegie Mellon. (1988)

[Lerdahl 1983] F. Lerdahl y R. J. Jackendoff. A Generative Theory of Tonal Music. MIT Press. (1983)

[Lewin 1986] D. Lewin. Music Theory, Phenomenology, and Modes of Perception. Music Perception 3(4), pp. 327-392. (1986)

[Lindsay 1996] A.T. Lindsay. Using Contour As Mid-Level Representation of Melody. Tesis doctoral, Massachusetts Institute of Technology. (1996)

[Liu 2003] D. Liu, L. Lu, H. J. Zhang. Automatic Mood Detection from Acoustic Music Data. Proceedings of the International Symposium on Music Information Retrieval. (2003)

[Logan 2000] B. Logan. Mel Frequency Cepstral Coefficients for Music Modeling. Proceedings of the International Symposium on Music Information Retrieval. (2000)

[Macon 1998] M. W. Macon, A. McCree, W. M. Lai y V. Viswanathan. Efficient Analysis/Synthesis of Percussion Musical Instrument Sounds Using an All-Pole Model. Proceedings of the International Conference on Acoustics, Speech, and Signal Processing. Volumen 6, 3589-3592. (1998)

[Martin 1996] K.D. Martin. Automatic transcription of simple polyphonic music: Robust front-end processing. MIT Media Laboratory Perceptual Computing Technical Report 399, Cambridge MA. http://vismod.www.media.mit.edu/vismod/publications. (1996)

[Martin 1998] Martin. Musical instrument identification: A pattern-recognition approach. Encuentro 136° de la Acoustical Society of America. (1998)

[McKay 2004] C. McKay y I. Fujinaga. Automatic Genre Classification using Large Hihg-Level Musical Feature Sets. Proceedings of the International Symposium on Music Information Retrieval. (2004)

[McLachlan 1992] G. J. McLachlan. Discriminant Analysis and Statistical Pattern Recognition. Editorial Wiley Interscience. (1992)

[Nagler 2002] Günter Nagler. Utilidades para procesamiento de archivos MIDI. www.gnmidi.com. (2002)

[Nawab 1999] H. Nawab, R. Mani. Knowledge-based processing of multicomponent signals in a musical application. Signal Processing 74(1), 47-69. (1999)

[Perrott 1999] D. Perrot y R. O. Gjerdingen. Scanning the Dial: An Exploration of Factors in the Identification of Musical Style. Research Notes. Departament of Music, Northwerstern University, Illinois. (1999)

[Povel 1985] J. Povel y P. Essens. Perception of temporal patterns. Music Perception 2(2), 411-480. (1985)

[Rabiner 1985] L. Rabiner, B. Juang, S. Levinson, y M. Sondhi. Recognition of Isolated Digits Using Hidden Markov Models with Continuous Mixture Densities. AT&T Tech J., 64(6):1211-1234. (1985)

[Rabiner 1989] L. R. Rabiner. A Tutorial on Hidden Markov Models and Selected Applications in Speech Recognition. Proceedings of the IEEE, 77, 257–285. (1989)

[Salcedo 2003] F. J. Salcedo, J. E. Díaz y J. C. Segura. Musical Style Recognition by Detection of Compass. Lecture Notes in Computer Science, 2652, 876 - 883. (2003)

[Salcedo 2007] F. J. Salcedo, J. E. Díaz y J. C. Segura. Features Extraction for Music Notes Recognition Using Hidden Markov Models. Proceedings of the International Conference on Signal Processing and Multimedia Applications SIGMAP, pag 184 - 191. (2007)

[Scheirer 1998] Eric Scheirer. Tempo and Beat Analisys of Acoustic Music Signals. Journal of Acoustic Society of America, pag 588-601. (1998)

[Scheirer 2000] E. D. Scheirer. Music-Listening Systems. Tesis Doctoral, Massachusets Institute of Technology. (2000)

[Schoenberg 1979] Arnold Schoenberg. Tratado de Armonía. Editorial Real Musical. (1979)

[Segura 1991] J. Segura. Variantes del Modelado Oculto de Markov para Señales de Voz. Monografías del Dpto. de Electrónica y Tecnología de Computadores. 1ª edición, volumen 4. Universidad de Granada. (1991)

[Seguí 1984] S. Seguí. Curso de Solfeo. Editorial Unión Musical Española. (1984).

[Soltau 1998] H. Soltau, T.Schultz, M. Whestphal y A. Waibel. Recognition of Music Types". Proceedings of IEEE ICASSP. (1998)

[Thayer 1989] R. E. Thayer. The Biopsychology of Mood and Arousal. Oxford University Press. (1989)

[Tou 1974] J. T. Tou y R. C. González. Pattern Recognition Principles. Addison-Wesley. (1974)

[Winckel 1967] F. Winckell. Music Sound and Sensation. Editorial Dover. (1967)

[Young 1999] S.Young, D. Kershaw, J. Odell, D. Ollason,V. Valtchev, y P. Woodland. The HTK book Version 2.2. Entropic Ltd.(1999)

www.ingramcontent.com/pod-product-compliance
Lightning Source LLC
Chambersburg PA
CBHW081717220526
45468CB00008B/1879